KB210817

건강하게 만들어 가볍게 즐기는 쌀가루 베이킹 24

RICE BAKING BIBLE

쌀베이킹
바이블

고혜진 지음

싱대
인

처음 베이킹을 시작하고 느꼈던 행복한 가슴 벅참을 여러분도 느껴보세요.
평범했던 오늘이 특별한 날이 될 거예요.

오븐 안에서 멋들어지게 펼쳐지는 제과의 풍경은 세상 그 어떤 풍경보다도 저를 가슴 뛰게 만들었고, 열정과 노력을 다해 수료한 제과 과정은 늦은 나이에 저를 파티시에의 길로 들어서게 해주었습니다.

디저트 하나를 만들어내기까지는 파티시에의 끊임없는 노력과 수많은 시행착오가 필요합니다. 그럼에도 그 힘든 과정을 고스란히 견뎌내는 이유는 디저트를 만드는 사람도 받는 사람도 모두가 행복하기 때문이지요.

쌀베이킹은 밀베이킹에 비해 보편화되어 있지 않고, 식재료와 만드는 방법에도 차이가 있기 때문에 쌀가루의 특성을 제대로 파악하지 않는다면 실패할 확률이 높습니다. 하지만, 쌀가루의 특성을 잘 이해한 다음 베이킹을 시작하면 보다 다양한 재료로 나만의 건강하고 맛있는 디저트를 만들어낼 수 있으니 그만큼 쌀베이킹이 훨씬 더 매력적이라고 할 수 있습니다.

쌀베이킹은 밀베이킹과는 다르게 접근해야 완성도 높은 제품을 만들 수 있습니다. 그동안 제가 만들며 경험했던 중요한 포인트와 활용법들을 이 책에 세세하게 담아내려 노력했으니 여러분께 작은 보탬이 될 수 있기를 바라봅니다. 또한 이 책을 토대로 주변에서 쉽게 구할 수 있는 여러 가지 재료들을 다양하게 활용하며, 하루가 다르게 변화하는 디저트 시장에서 나만의 레시피를 구축하여 주변의 변화에도 흔들림 없이 자신만의 길을 오롯이 갈 수 있기를 바랍니다.

처음으로 베이킹을 시작했을 때가 생각납니다. 책을 뒤적여가며 쿠키 하나를 완성해 내고는 너무도 행복해했던 제 모습을 떠올려보면 아직도 그때의 가슴 벅참이 일렁입니다. 많은 분이 베이킹을 하며 가슴 설레고 행복한 순간을 맞이하는 그날을 꿈꾸며 이 책을 완성할 수 있도록 도움을 준 사랑하는 가족과 시대인에 진심으로 감사드립니다.

끝으로, 저의 꿈은 아직 현재진행형입니다. 여러분도 꿈꾸고 도전하세요.
평범했던 오늘이 조금은 특별한 날로 다가오게 될 겁니다.

고혜진 드림

[contents]

프롤로그

쌀베이킹 바이블 Level 1

🥄 쌀베이킹 바이블 Level 2

오렌지 케이크 •64

생크림 카스텔라 •70

미니 바스크 치즈케이크 •74

말차 컵케이크 •78

베리 갸또 쇼콜라 •84

살레 파운드케이크 •90

옥수수 콘브레드 •94

구운 초코 도넛 •98

🥄 쌀베이킹 바이블 Level 3

판드젠 •104

마롱 구겔호프 •108

엔젤 시폰 케이크 •114

헤이즐넛 쉭세 •118

슈톨렌 파운드케이크 •126

티라미수 크레이프 케이크 •132

망고 바질 타르트 •142

레드벨벳 하트 케이크 •150

INTRO

·

쌀베이킹을
시작하기 전에

쌀베이킹이란?

───────

쌀베이킹은 주재료가 쌀가루입니다. 쌀가루는 글루텐 성분이 없어 구조상 반죽을 안정적으로 지탱해주지 못해 힘이 없고, 동량의 밀가루 반죽에 비해 완성되는 부피도 작습니다. 하지만 기공이 조밀하여 식감이 가볍고 부드럽게 완성되는 것이 특징입니다. 또한 반죽을 오래 섞어도 딱딱해지거나 줄어들지 않기 때문에 섞는 정도와 방법 등에도 특별한 제한이 없어서 누구든지 쉽게 완성도 높은 제품을 만들 수 있습니다.

쌀베이킹은 주재료를 제외하고 사용하는 재료나 도구가 일반 베이킹과 같습니다. 그래서 대부분의 제과를 밀가루 대신 쌀가루로 대체해서 만들 수 있습니다. 쌀가루로 만든 제품이라 해도 겉으로 보았을 때 밀가루로 만든 제품과 크게 다르지 않고, 쌀가루로 만들었다고 말하지 않으면 알아차리지 못할 정도로 식감에도 큰 차이가 없습니다. 품목에 따라서 쌀가루 특유의 '입안에서 부서지며 흩날리는 맛'이 있을 수도 있지만, 이런 경우 다른 곡류를 적절하게 섞거나 유지나 달걀의 비율을 높이면 충분히 좋은 식감을 낼 수 있습니다. 특히 통밀가루나 메밀가루, 옥수수가루, 아몬드가루 등 글루텐이 없는 곡류를 적절하게 혼합해 사용하면 다양한 제과 품목을 만들 수 있습니다.

이 책을 통해 쌀베이킹을 잘 이해하고 쌀가루가 지닌 특유의 폭신함과 바삭함, 쫀득함을 극대화시켜 보다 맛있고 쌀가루에 최적인 다양한 제품을 만들 수 있기를 바랍니다. 더 나아가 누구나 쉽게 쌀베이킹을 접하고, 건강하고 맛있는 쌀베이킹을 완성하며 행복할 수 있기를 바랍니다.

재료 소개

박력쌀가루, 강력쌀가루, 습식쌀가루

박력쌀가루는 멥쌀을 곱게 빻은 가루로 100% 쌀로 만들어진 건식쌀가루입니다. 입자가 곱고 균일하여 밀가루를 대체해서 사용하기에 적합한 제품으로 구움과자나 쿠키, 케이크 등 다양한 제과 품목을 만들 수 있습니다. 책에서는 '햇살마루 100% 박력쌀가루'를 주재료로 사용했습니다.

※ 쌀베이킹을 처음 시도하는 분은 다양한 쌀가루를 사용하기보다는 한 가지의 쌀가루를 사용하여 많은 종류의 제품을 만들어보는 것을 추천합니다. 한 가지의 쌀가루로 다양한 품목을 여러 번 만들다 보면 쌀가루의 특징을 보다 잘 이해할 수 있고 더 나아가 본인만의 쌀베이킹을 구축하는 데에도 도움이 됩니다.

강력쌀가루는 건식쌀가루에 밀가루의 활성 글루텐을 첨가해 만든 제품으로 제빵류를 만드는 데 주로 사용합니다. 제조사마다 조금씩의 차이는 있지만 약 13% 이상의 글루텐이 첨가되어 있어 밀 베이킹의 장점을 가지고 있습니다. 박력쌀가루에 강력쌀가루를 일부 혼합하여 사용하면 제품의 탄성이나 식감을 보완할 수 있으므로 좀 더 다양한 쌀베이킹 품목을 만들 수 있습니다.

습식쌀가루는 멥쌀을 불려 물기를 뺀 후 빻은 가루로 수분을 많이 함유하고 있습니다. 주로 떡을 찔 때 사용하지만 케이크 시트를 만들 수도 있습니다. 습식쌀가루는 수분의 함량과 입자의 크기가 박력쌀가루와는 다르기 때문에 식감에서도 차이가 납니다. 습식쌀가루로 만든 케이크 시트는 박력쌀가루로 만든 케이크 시트보다 묵직하지만 부드럽고 촉촉하게 완성됩니다. 이러한 특징을 잘 이해하고 제품에 맞게 활용한다면 습식쌀가루로도 충분히 좋은 식감과 맛을 내는 쌀베이킹을 완성할 수 있습니다.

달걀

달걀은 제품에 수분은 공급하고, 단단하게 응고시켜 구조를 형성하거나 풍미를 높이는 데 주된 역할을 합니다. 달걀을 사용할 때는 특별한 경우가 아니라면 실온에 미리 꺼내두어 찬기를 없앤 다음 사용합니다. 달걀이 차가우면 다른 재료와 잘 섞이지 않기 때문입니다. 달걀의 무게는 1개에 약 55~60g 정도 되는 것을 사용하는 것이 좋으며, 신선한 달걀을 사용할수록 제품의 완성도가 높아집니다.

버터

우유 지방을 응고시켜 만든 것으로 베이킹에서는 대부분 소금이 첨가되지 않은 무염버터를 사용합니다. 버터를 사용할 때는 스콘과 타르트 같은 제품을 만들 때를 제외하고, 미리 실온에 꺼내두어 말랑한 포마드 상태로 준비합니다. 전자레인지를 사용하여 버터를 녹일 때는 한 번에 돌릴 경우 터질 위험이 있으므로 10초 단위로 끊어가며 녹여줍니다. 타르트나 쿠키의 종류에 따라 녹는점이 높은 드라이버터를 사용하면 작업성이 더 좋습니다.

소금

제품에 감칠맛을 돋우는 역할을 합니다. 반죽할 때는 아주 소량만넣으며 고운 소금을 사용하는 것이 좋습니다.

설탕, 슈가파우더

제품에 단맛을 냄은 물론 색감과 식감에도 영향을 줍니다. **설탕**은기본적으로 백설탕을 사용하지만 제품에 따라 황설탕이나 흑설탕을사용하기도 합니다. 설탕을 넣으면 제품이 부드러워지면서 유지력또한 길어지는데, 이때 반죽에 넣은 설탕을 완전히 녹여야 제품의완성도가 높아집니다. **슈가파우더**는 설탕을 곱게 간 다음 소량의 전분을 추가한 것으로 반죽에 슈가파우더를 넣으면 짧은 시간에 크림화할 수 있고, 좀 더 부드러운 식감을 만들 수 있습니다. 슈가파우더는 완성된 제품 위에 뿌려 장식용으로도 많이 사용합니다.

베이킹소다, 베이킹파우더

화학적 팽창제로 빵이나 제과류를 만들 때 사용합니다. **베이킹소다**는 옆으로 퍼지고, **베이킹파우더**는 위로 부푸는 성질을 가지고 있습니다. 베이킹파우더를 사용할 때는 알루미늄프리 제품을 선택하도록 합니다. 팽창제는 가루 재료와 함께 체에 내려서 사용해야 하며, 너무 많이 넣으면 쓴맛이 날 수 있으니 적당량만 사용합니다.

우유, 생크림, 사워크림

반죽에 수분을 더해 농도를 맞추거나 좀 더 부드럽고 촉촉한 반죽을 만들 때 사용합니다. 우유에는 다양한 종류가 있으나 저지방이나 무지방 우유보다는 유지방을 함유한 일반 우유를 사용하는 것이 좋으며, 생크림 역시 동물성과 식물성으로 나뉘는데 맛과 풍미를 위해서는 동물성 생크림을 추천합니다. 맛에 따른 특징을 보면 **우유**는 담백하고 깔끔한 맛, **생크림**은 고소하고 진한 풍미, **사워크림**은 우유를 발효해서 만든 만큼 새콤한 맛이 납니다. 각각의 장점을 확인하며 원하는 제품에 맞게 선택하도록 합니다.

오일

케이크를 만들 때 시트를 부드럽게 하기 위해 사용합니다. 향이 강하지 않은 카놀라유, 포도씨유, 해바라기씨유 등을 사용합니다.

크림치즈

크림과 우유로 만든 치즈로 일반 치즈보다 부드러우면서도 고소하고 새콤한 맛을 가지고 있습니다. 생크림과 섞어 크림을 만들거나 치즈케이크를 만들 때 사용하며, 미리 실온에 꺼내두어 말랑한 상태로 준비해야 다루기 쉽습니다.

바닐라페이스트

바닐라빈 씨가 페이스트에 그대로 들어있어 깊고 진한 바닐라 향을 낼 수 있습니다. 주로 밀가루 풋내나 달걀 비린내 등 반죽의 잡내를 제거하고 풍미를 더해주는 역할을 하는 고급 향신료입니다. 바닐라 페이스트가 없다면 바닐라익스트랙을 사용해도 좋습니다.

커버춰초콜릿, 코팅초콜릿

초콜릿은 커버춰초콜릿과 코팅초콜릿이 있습니다. 반죽에 넣거나 가나슈를 만들 때는 가공하지 않은 **커버춰초콜릿**을 사용하는데, 커버춰초콜릿은 카카오버터 함유량이 30% 이상인 고급 초콜릿으로 분류되며 풍미가 좋습니다. **코팅초콜릿**은 식물성 유지가 들어있어 데커레이션을 할 때 주로 사용합니다.

아몬드가루

아몬드를 곱게 갈아 만든 가루로, 100% 아몬드로만 만든 가루를 사용합니다. 쌀베이킹에서는 쌀가루의 일부를 아몬드가루로 대체해 구조가 약한 쌀가루 반죽의 단점을 보완하고 있습니다. 아몬드가루는 아몬드의 기름 성분 때문에 가루가 쉽게 뭉치니 반드시 체에 내려 사용하도록 합니다.

통밀가루

통곡물, 그중에 통밀을 갈아서 만든 밀가루로 입자가 크고 거칠지만 고소하고 풍미가 좋습니다. 일반 밀가루보다 식이섬유가 풍부하며, 혈당 유지에도 도움이 되어 건강 관리 및 다이어트에 아주 좋습니다.

메밀가루

메밀의 껍질을 제거하고 곱게 갈아 만든 가루로, 100% 메밀로만 만든 가루를 사용합니다. 구수한 맛이 나고 식이섬유가 풍부하며, 반죽으로 만들어 부쳤을 때 쫀득하여 식감이 좋습니다.

감자가루

분말 형태의 감자가루입니다. 진짜 감자보다 간편하게 사용이 가능하며, 쿠키나 파이 등에 넣으면 감자 특유의 고소하고 담백한 맛을 낼 수 있습니다.

콘밀

거칠게 간 옥수수가루로 비건 베이킹이나 요리 재료로도 많이 사용합니다. 어떤 브랜드의 제품을 사용하느냐에 따라 반죽의 농도가 많이 달라지는데, 책에서는 '디벨라폴렌타' 제품의 콘밀을 사용했습니다.

자색고구마가루

자색고구마를 건조한 다음 곱게 갈아 만든 가루입니다. 고구마의 맛을 낸다기보다는 반죽에 소량 사용해 천연의 예쁜 보랏빛을 표현할 때 사용합니다. 쿠키나 머핀 등 다양한 제과 품목에 활용 가능합니다.

홍국쌀가루

백미에 홍국균을 넣고 발효시켜 만든 붉은 쌀가루입니다. 맛보다는 자연 그대로의 붉은색을 표현할 때 사용합니다. 인공 식용색소에 비해 색상이 은은하게 나타나는 것이 특징입니다.

도구 소개

믹싱볼

반죽을 섞거나 크림을 휘핑할 때 사용합니다. 믹싱볼은 재질에 따라 유리, 플라스틱, 스테인리스 볼이 있는데, **유리 볼**의 경우 내부가 투명하게 보이는 장점이 있지만 무겁고 자칫하면 깨질 수 있습니다. **플라스틱 볼**은 상대적으로 저렴하고 가볍지만, 휘핑하면서 볼이 긁혀 스크래치가 생기는데 그 틈으로 미생물이 번식해 위생에 문제가 생길 수 있습니다. 마지막으로 **스테인리스 볼**은 가벼우면서도 내구성도 강해서 사용하기에 가장 용이합니다. 볼은 다양한 크기로 구비해두고 재료의 양에 따라 다르게 사용하면 됩니다.

전자저울

쌀베이킹에서 정확한 계량은 매우 중요합니다. 1g의 작은 차이에도 제품의 완성도가 달라지기 때문입니다. 전자저울을 선택할 때는 최소 1g 단위까지 측정 가능한 전자저울을 사용하며, 0.1g 단위로 계량이 가능한 저울이면 더욱 좋습니다.

온도계

재료의 온도를 체크할 때 사용합니다. 온도계에는 비접촉식인 적외선 온도계와 접촉식인 디지털 온도계가 있습니다. **적외선 온도계**는 재료에 적외선을 쏴 표면의 온도를 확인하는 것이고, **디지털 온도계**는 직접 재료에 꽂아 내부 온도를 확인하는 것으로 적외선 온도계보다 디지털 온도계가 훨씬 더 정확합니다.

거품기

재료를 섞을 때 사용합니다. 주로 적은 양의 반죽을 섞거나 달걀이나 버터를 풀어줄 때 사용하며, 가능하면 힘이 있고 단단한 스테인리스 제품으로 선택하는 것이 좋습니다.

고무주걱

재료를 섞을 때 사용합니다. 가루 재료를 넣은 반죽을 섞거나 버터를 풀어줄 때 사용하기도 하고, 믹싱볼에 묻은 반죽을 깨끗이 긁어낼 때 사용하기도 합니다. 힘이 있고 단단하면서도 끝부분은 살짝 말랑한 실리콘 재질의 제품을 선택하는 것이 좋습니다.

체

가루 재료를 곱게 내릴 때 사용합니다. 가루 재료를 체에 내리면 뭉쳐있던 가루가 풀리면서 사이사이에 공기가 들어가 반죽을 할 때 훨씬 잘 섞입니다. 또한 혹시 모를 불순물도 제거할 수 있습니다.

푸드프로세서

재료를 분쇄하거나 반죽을 고르게 섞을 때 사용합니다. 일반 거품기나 스크래퍼로 섞는 것보다 훨씬 빠르고 편리하게 섞을 수 있습니다.

핸드믹서

거품기와 마찬가지로 재료를 섞을 때 사용합니다. 특히 버터를 크림화하거나 달걀이나 생크림을 휘핑해 거품을 만들 때 아주 유용합니다. 속도가 여러 단계로 나누어진 제품을 사용해야 제품을 섞을 때 속도를 조절하며 사용하기 편리합니다.

핸드블랜더

재료를 곱게 갈거나 섞을 때 사용하고, 초콜릿을 유화시킬 때도 사용합니다.

스크래퍼

버터 등을 가루 재료와 섞거나, 반죽을 자르거나 평평하게 만들 때 사용합니다. 짤주머니에 반죽을 넣고 깍지 쪽으로 밀어줄 때도 사용하는데, 스크래퍼로 반죽을 밀면 짤주머니에 반죽이 남지 않아 깔끔하게 사용할 수 있습니다.

스패출러

케이크에 아이싱을 하거나 크림을 펴 바르고 매끈하게 정리할 때 사용합니다. 모양은 일자 스패출러와 ㄴ자 스패출러가 있는데 용도에 따라 구분하여 사용하면 되고, 섬세한 작업에는 미니 스패출러를 사용하면 작업하기 쉽습니다.

짤주머니&깍지

반죽이나 크림을 담아 틀 안에 짜 넣거나 모양을 낼 때 사용합니다. **짤주머니**에는 실리콘이나 천으로 된 다회용 짤주머니와 비닐로 된 일회용 짤주머니가 있는데, 집에서 간편하게 사용하기에는 비닐 짤주머니가 편리합니다. 짤주머니에 반죽을 넣고 앞부분을 살짝 잘라 사용하면 되는데, 크림을 담아 아이싱을 할 때는 자른 앞부분에 깍지를 끼워 사용합니다. **깍지**는 크림을 일정하게 짜거나 모양을 내며 짤 때 사용합니다. 다양한 크기와 모양이 있으니 원하는 깍지를 선택해 사용하면 됩니다.

실팡&테프론시트

오븐팬에 깔아 사용합니다. **실팡**은 촘촘한 망의 형태로 되어있어 과자를 구울 때 모양이 퍼지지 않도록 도와주고, **테프론시트**는 반죽이 오븐팬에 달라붙지 않게 해줍니다.

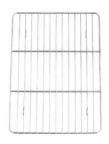

식힘망

오븐에서 구운 제품을 식힐 때 사용합니다. 구멍이 뚫린 망으로 되어있어서 제품을 아랫부분까지 골고루 식힐 수 있습니다.

다양한 틀

반죽을 붓고 오븐에 넣어 모양을 내며 굽는 틀입니다. 모양 틀, 파운드 틀, 실리콘 몰드, 타르트 링, 은박 머핀컵 등 다양한 소재와 모양이 있으며, 크기도 다양해서 각자의 상황에 맞게 골라서 사용하면 됩니다. 틀을 사용하면 제품을 일정한 모양과 크기로 구울 수 있습니다.

제스터

레몬이나 오렌지 등 시트러스 계열의 과일 껍질을 갈아 제스트를 만들 때 사용합니다. 오돌토돌한 면에 깨끗이 씻은 과일을 문질러 껍질만 벗겨내면 되는데, 이때 과일의 하얀 속살이 들어가면 쓴맛이 나니 겉껍질만 갈도록 합니다.

밀대

반죽을 일정한 두께로 밀 때 사용합니다. 반죽을 밀 때는 밀대에 덧가루를 살짝 바르거나 반죽을 종이호일이나 위생비닐로 덮은 다음에 밀어야 반죽이 달라붙지 않습니다.

각봉

제누와즈를 일정한 높이로 자를 때 사용합니다. 각봉 사이에 제누와즈를 놓고 그 위를 포 뜨듯 자르면 평평하고 균일한 높이로 자를 수 있습니다.

붓

틀에 버터를 칠하거나 반죽에 달걀물을 바를 때, 케이크 시트에 시럽을 바를 때 사용합니다. 털로 된 붓과 실리콘 붓이 있는데, 실리콘 붓을 사용하는 것이 관리하기도 편하고 훨씬 위생적입니다.

쌀가루와 밀가루의 차이

 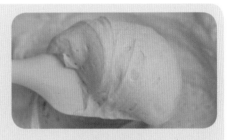

쌀가루로 만든 반죽
반죽에 힘이 없고 주걱으로 들어 올리면 아래로 흘러내립니다.

밀가루로 만든 반죽
반죽에 점성이 있고 주걱으로 들어 올려도 단단하게 고정되어 흘러내리지 않습니다.

쌀가루 반죽   밀가루 반죽

동일한 조건으로 만든 쌀가루와 밀가루의 반죽 상태입니다. 각 반죽을 한 스쿱씩 떴을 때, 쌀가루 반죽은 묽고 힘이 없어 옆으로 퍼지면서 무너지는 모습을 보이지만 밀가루 반죽은 퍼지지 않고 단단하게 유지하고 있는 모습을 확인할 수 있습니다. 이는 쌀가루 반죽은 반죽 과정에서 쌀가루가 수분을 충분히 흡수하지 못해 묽은 상태의 반죽으로 완성되지만, 밀가루 반죽은 수분이 들어가면 단백질이 결합하여 점성과 탄력이 생기기 때문입니다. 휘핑 횟수를 늘려도 글루텐이 없는 쌀가루 반죽은 구조적으로 힘이 없어 쳐지지만, 밀가루 반죽은 휘핑 횟수가 늘어남에 따라 더 많은 양의 글루텐이 형성되어 단단한 형태의 반죽이 만들어집니다.

쌀가루로 만든 파운드케이크   밀가루로 만든 파운드케이크

쌀가루와 밀가루라는 것만 다를 뿐 모든 조건이 동일한 390g의 반죽으로 만든 파운드케이크입니다.

밀가루에는 글루테닌(glutenin)과 글리아딘(gliadin)이라는 두 가지 단백질이 들어있습니다. 물을 넣어 섞으면 이 두 가지 단백질이 결합해서 끈기와 탄력성을 가진 글루텐(gluten)을 만들어내는데, 이렇게 만들어진 글루텐은 반죽의 조직에서 뼈대 역할을 하고 반죽이 부푸는 것을 돕습니다. 겉으로 보았을 때 밀가루로 만든 파운드케이크의 부피가 크고 단단하며 탄성이 생긴 이유가 바로 글루텐 때문입니다. 이에 비해 글루텐이 없는 쌀가루 파운드케이크는 부풀지 않아 부피가 작고 부드럽지만 구조가 약해서 쉽게 부서집니다. 쌀가루로 만든 제품은 구운 다음 틀째 충분히 식힌 후 틀을 제거해야 하는 이유도 바로 여기에 있습니다.

두 제품 모두 조밀하고 부드럽게 완성되지만, 쌀가루 파운드케이크는 하루 정도 숙성시키면 훨씬 더 촉촉해집니다. 이처럼 쌀베이킹은 반죽의 구조가 밀베이킹과 다르기 때문에 만드는 제품에 따라 수분의 양, 가루의 양 또는 수분의 종류, 가루의 종류를 적절하게 혼합하여 만들어야 합니다.

쌀베이킹 POINT

———

≫ **재료는 정확하게 계량합니다.**

계량은 베이킹에 있어서 가장 기본적이면서 중요한 과정입니다. 단 1g의 오차로도 완성도가 달라지기 때문입니다. 계량할 때는 1g 단위(0.1g이면 더욱 좋습니다)로 측정이 되는 전자저울을 사용하고, 매번 영점을 맞춰 사용합니다. 책에서는 기본 단위를 그램(g)으로 사용했습니다.

≫ **베이킹을 시작하기 전 재료를 한 번 더 꼼꼼하게 확인하고 준비합니다.**

베이킹은 재료를 넣는 순서와 타이밍도 중요합니다. 순서가 섞이거나 타이밍을 놓치면 아무래도 완성도 높은 제품을 만들기 어렵습니다. 필요한 재료를 미리 계량해서 준비해두면 재료를 넣어야 할 때 우왕좌왕하지 않고 순서대로 작업할 수 있습니다.

≫ **가루류는 체에 내려 준비합니다.**

쌀가루는 입자가 곱고 보슬보슬해서 뭉침 현상이 없기 때문에 체에 내리지 않아도 무방합니다. 하지만 쌀가루를 체에 한 번 내리면 입자들 사이에 공기가 들어가 쌀가루가 반죽에 쉽게 분산되어 잘 섞이고, 혹시 있을지 모를 불순물도 제거할 수 있습니다. 쌀가루 이외에 아몬드가루나 각종 천연가루, 팽창제 등은 무조건 체에 내려 준비하도록 합니다.

≫ **온도를 지킵니다.**

제품에 따라 지켜야 하는 재료의 온도가 있습니다. 작업 전 실온 상태로 사용해야 하는 재료는 미리 냉장고에서 꺼내 찬기를 없애고, 휘핑을 하거나 중탕을 해야 하는 경우 그것에 맞게 온도를 낮추거나 올려야 합니다. 또한 오븐 역시 예열을 하여 정확한 온도에 제품을 넣어 구울 수 있도록 준비해야 합니다.

≫ 충분히 섞습니다.

쌀가루에는 글루텐이 없으므로 많이 섞어도 반죽에 영향이 없습니다. 그러니 섞는 방법이나 횟수에 신경 쓰지 말고 섞되, 되도록 쌀가루가 뭉쳐지지 않도록 매끈하게 잘 섞는 것이 중요합니다.

≫ 충분히 식힙니다.

쌀가루로 만든 제품은 글루텐이 없어 구조가 약한 것이 특징입니다. 이 때문에 구워져 나온 상태에서 바로 틀에서 제거하거나 뒤집으면 부서지기 쉽습니다. 꼭 틀째 한 김 식힌 후 천천히 부서지지 않도록 주의하며 틀에서 분리합니다.

≫ 모든 제과 품목을 만들 수 있습니다.

밀가루를 사용하여 만든 대부분의 제과 품목은 쌀가루로도 만들 수 있습니다. 다양한 종류의 쌀가루와 유지, 수분의 양을 조절하여 만들면 맛과 식감이 밀가루로 만든 것과 비슷하거나 더 맛있는 제품으로 만들 수 있습니다. 쌀가루의 성질을 충분히 이해하고 베이킹의 기본을 지켜가며 차근차근 따라서 만들다 보면 어느새 쌀베이킹의 매력에 흠뻑 빠지게 될 것입니다.

Rice baking

쌀베이킹 바이블

Level 1

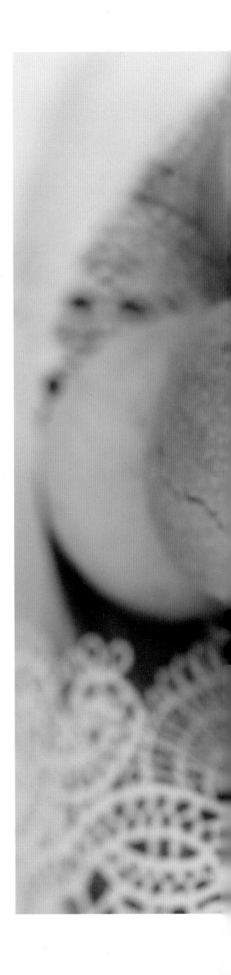

메밀 쿠키

메밀 쿠키 반죽

쌀가루에 100% 메밀가루를 넣어 담백하고 고소한 맛을 낸 쿠키입니다.
따뜻한 커피나 차 한잔을 곁들여 건강하게 즐겨보세요.
다양한 모양의 쿠키 커터를 사용하면 나만의 메밀 쿠키를 만들 수 있답니다.

▎재료

메밀 쿠키	
버터 85g	박력쌀가루 42g
황설탕 43g	아몬드가루 40g
소금 2g	베이킹파우더 2g
메밀가루 75g	달걀 15g
	플레인요거트 12g

▎미리 준비하기

• 오븐은 미리 170℃로 예열해둡니다.

• 버터와 달걀, 플레인요거트는 냉장 상태로 사용 직전까지 차갑게 보관합니다.

• 쿠키 반죽을 밀기 편하도록 종이호일과 밀대를 준비합니다.

• 원하는 모양의 쿠키 커터와 타공 매트를 준비합니다.

푸드프로세서에 차가운 상태의 버터와 황설탕,
소금, 메밀가루, 박력쌀가루, 아몬드가루, 베이킹
파우더를 모두 넣고 조금씩 끊어가며 돌립니다.

TIP 푸드프로세서를 한 번에 돌리면 열기로 인해 버터가
녹으니 조금씩 끊어가며 돌립니다.

버터가 팥알 정도의 크기가 되면 멈춥니다.

TIP 푸드프로세서가 없다면 스크래퍼로 버터를 잘라가
면서 섞도록 합니다.

차가운 상태의 달걀을 넣고 푸드프로세서를 살
짝 돌려 섞습니다.

차가운 상태의 플레인요거트를 넣고 살짝 돌려
섞습니다. 너무 많이 돌리면 버터가 녹아버리니
반죽이 살짝 뭉쳐질 정도로만 돌립니다.

반죽이 어느 정도 뭉쳐져 소보로 상태가 되면
반죽을 꺼내 작업대에 내려놓고 손과 스크래퍼
를 사용해 재료를 한 번 더 균일하게 섞습니다.

골고루 섞인 반죽을 한 덩어리로 뭉친 다음 랩
으로 감싸 냉장실에서 1시간 동안 휴지합니다.

휴지가 끝난 반죽을 꺼내 랩을 씌운 채 밀대로 눌러 살짝 납작하게 만듭니다.

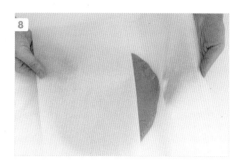

납작해진 반죽의 랩을 제거하고 두 장의 종이호일 사이에 반죽을 넣습니다.

TIP 종이호일을 사용하면 덧가루를 사용하지 않고 깔끔하게 반죽을 밀 수 있습니다.

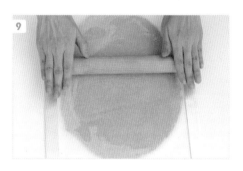

종이호일 위를 밀대로 밀어 반죽을 0.5cm 두께로 편 다음, 냉동실에서 30분간 휴지합니다.

TIP 반죽을 냉동실에 넣어 휴지하면 쿠키를 성형할 때 작업성이 매우 좋아집니다.

휴지한 반죽을 사각 물결 쿠키 커터로 찍어냅니다. 이때 쿠키 커터에 분량 외의 덧가루를 살짝 묻혀서 찍으면 커터에 반죽이 달라붙지 않아 깔끔하게 자를 수 있습니다.

오븐팬에 타공 매트를 깔고 쿠키 반죽을 올려 꼬치로 모양을 냅니다. 그다음 170℃로 예열한 오븐에 넣어 15분간 구우면 완성입니다.

고구마 쿠키

자색고구마가루

고구마 쿠키 반죽

찐 고구마와 쌀가루로 반죽하고 자색고구마가루를 입힌 고구마 쿠키입니다.
오븐에서 꺼내자마자 따뜻할 때 먹으면 군고구마처럼 포슬포슬하고,
실온에 두어 식혔다가 먹으면 바삭한 식감이라 언제 먹어도 맛있답니다.

▎재료

고구마 쿠키
찐 고구마 110g
버터 72g
설탕 50g
꿀 30g

소금 2g
달걀 22g
박력쌀가루 110g
베이킹파우더 2g

데커레이션
자색고구마가루

▎미리 준비하기

• 오븐은 미리 170℃로 예열해둡니다.

• 고구마는 미리 쪄서 뜨거울 때 으깨 놓습니다.

• 버터는 실온에 두어 말랑말랑한 포마드 상태로 준비합니다.

• 달걀은 미리 실온에 두어 차갑지 않은 상태로 준비합니다.

찐 고구마는 껍질을 벗기고 뜨거울 때 잘 으깨어 식혀둡니다.

볼에 포마드 상태의 말랑한 버터를 넣고 가볍게 풀어줍니다.

버터에 설탕과 꿀, 소금을 두세 번에 나누어 넣으며 충분히 휘핑합니다.

실온의 달걀을 두세 번에 나누어 넣으며 고속으로 휘핑해 버터와 분리되지 않도록 잘 섞습니다.

1번 과정에서 으깨어 식혀둔 고구마를 넣고 골고루 섞습니다.

박력쌀가루와 베이킹파우더를 체에 내려 넣고 주걱을 세워서 반죽을 자르듯이 섞습니다.

날가루 없이 반죽이 골고루 섞이면 손으로 뭉쳐
한 덩어리로 만듭니다.

덩어리로 뭉친 반죽에 랩을 씌워 냉장실에서
1시간 동안 휴지합니다.

휴지가 끝난 반죽을 꺼내 14g씩 분할하여 양쪽
끝이 뾰족한 고구마 모양으로 성형합니다.

성형한 반죽에 자색고구마가루를 충분히 묻힙
니다.

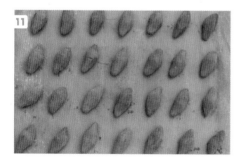

오븐팬에 테프론시트를 깔고 쿠키 반죽을 올립
니다. 그다음 170℃로 예열한 오븐에 넣어 15분
간 구우면 완성입니다.

감자 볼 쿠키

감자 볼 쿠키 반죽

통후추

쌀가루와 감자가루를 사용해서 간단하게 손으로 빚은 쿠키입니다.
감자의 담백함과 쿠키 안에서 살짝 씹히는 통후추의 오묘한 맛이 매력이에요.
오븐에서 꺼내자마자 먹어도 맛있어서 한번 먹기 시작하면 멈출 수 없어요.

▌재료

감자 볼 쿠키
버터 69g
슈가파우더 45g
소금 1g
달걀 22g

박력쌀가루 42g
아몬드가루 45g
감자가루 45g
파마산치즈 30g
베이킹파우더 1.5g

통후추 0.7g
사워크림 17g

데커레이션
핑크솔트

▌미리 준비하기

• 오븐은 미리 160℃로 예열해둡니다.

• 버터는 실온에 두어 말랑말랑한 포마드 상태로 준비합니다.

• 달걀과 사워크림은 미리 실온에 두어 차갑지 않은 상태로 준비합니다.

• 통후추는 갈아서 준비합니다.

볼에 포마드 상태의 말랑한 버터를 넣고 부드럽
게 풀어준 다음, 슈가파우더와 소금을 넣어 중
고속으로 섞습니다.

TIP 슈가파우더가 날릴 수 있으니 처음에는 저속으로 휘
핑합니다.

실온의 달걀을 버터 반죽에 반만 넣고 고속으로
휘핑합니다.

남은 달걀을 마저 넣고 고속으로 휘핑해 달걀과
버터가 분리되지 않도록 섞습니다.

박력쌀가루와 아몬드가루, 감자가루, 파마산치
즈, 베이킹파우더를 체에 내려 두세 번에 나누
어 넣고, 갈아둔 통후추도 넣습니다.

주걱을 세워서 날가루가 보이지 않을 때까지 반
죽을 자르듯이 섞습니다.

날가루가 보이지 않으면 실온의 사워크림을 넣
고 골고루 섞습니다.

반죽을 작업대에 놓고 손바닥으로 가볍게 누른 다음, 스크래퍼를 이용해 밀어 펴면서 재료를 골고루 섞습니다.

잘 섞인 반죽을 한 덩어리로 뭉친 후, 8g씩 떼어 내 동그랗게 빚어줍니다.

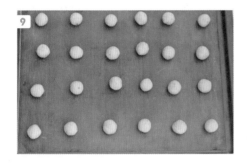

오븐팬에 테프론시트를 깔고 동그랗게 빚은 반죽을 일정한 간격으로 올립니다. 그다음 160℃로 예열한 오븐에 넣어 12분간 굽습니다.

쿠키가 다 구워지면 오븐에서 꺼내자마자 핑크솔트를 취향에 맞게 뿌리면 완성입니다.

고소미 사블레

검정깨, 참깨

사블레 반죽

모래처럼 바스러지는 식감의 사블레에 검정깨와 참깨를 넣어
입안 가득 고소함을 느낄 수 있도록 만들었어요.
버터의 깊은 풍미와 깨의 고소함을 함께 느껴보세요.

재료

고소미 사블레
버터 90g
슈가파우더 42g
달걀노른자 23g
소금 1g

박력쌀가루 75g
아몬드가루 45g
검정깨 15g
참깨 10g

데커레이션
설탕

미리 준비하기

- 오븐은 미리 160℃로 예열해둡니다.
- 버터는 실온에 두어 말랑말랑한 포마드 상태로 준비합니다.
- 달걀노른자는 미리 실온에 두어 차갑지 않은 상태로 준비합니다.

볼에 포마드 상태의 말랑한 버터를 넣고 가볍게
풀다가 슈가파우더를 넣고 골고루 섞습니다.

작은 볼에 실온의 달걀노른자와 소금을 넣고 섞
은 다음, 버터에 넣어 분리되지 않도록 골고루
섞습니다.

박력쌀가루와 아몬드가루를 체에 내려 넣고, 주
걱을 세워 반죽을 자르듯이 섞습니다.

반죽이 날가루 없이 골고루 섞이면 검정깨와 참
깨를 넣고 잘 섞습니다.

반죽을 작업대에 놓고 손바닥으로 밀어 펴면서
재료를 균일하게 섞습니다.

작업대에 분량 외의 덧가루를 살짝 뿌리고 반죽
을 두 덩어리로 나눈 다음 각각 원기둥 모양으
로 만듭니다.

원기둥 모양의 반죽을 종이호일로 감싼 다음 굴려서 지름을 3cm로 만들고, 냉동실에서 30분간 휴지합니다.

TIP 반죽을 종이호일로 감싸 굴리면 모양을 좀 더 매끈하게 만들 수 있습니다.

키친타월에 물을 묻힌 다음 휴지한 반죽을 감싸 겉면에 수분을 살짝 줍니다.

넓적한 쟁반에 데커레이션용 설탕을 붓고 반죽을 굴려 골고루 묻힙니다.

반죽을 1.5cm 두께로 자릅니다.

오븐팬에 테프론시트를 깔고 쿠키 반죽을 올립니다. 그다음 160℃로 예열한 오븐에 넣어 22분간 구우면 완성입니다.

통밀 갈레트 브루통

갈레트 브루통 반죽

프랑스의 전통 과자인 갈레트 브루통은 버터의 풍미가 일품인데요.

도톰하게 만들어 겉은 바삭하고 속은 촉촉하게 완성해 보았어요.

로즈마리를 살짝 넣으면 은은한 허브향까지 즐길 수 있어서 더욱 좋아요.

∥ 재료

통밀 갈레트 브루통
버터 125g
슈가파우더 80g
소금 1.5g
달걀 30g
바닐라페이스트 3g

박력쌀가루 40g
아몬드가루 20g
통밀가루 80g
베이킹파우더 1.5g
말린 로즈마리 1.2g

달걀물
달걀노른자 50g
생크림 20g

∥ 미리 준비하기

• 오븐은 미리 160℃로 예열해둡니다.

• 버터는 실온에 두어 말랑말랑한 포마드 상태로 준비합니다.

• 달걀은 미리 실온에 두어 차갑지 않은 상태로 준비합니다.

• 6cm 원형 틀 안쪽에 분량 외의 버터를 칠해둡니다.

• 말린 로즈마리는 잘게 부숴 준비합니다.

볼에 포마드 상태의 말랑한 버터를 넣고 가볍게 풀어줍니다.

버터에 슈가파우더와 소금을 두세 번에 나누어 넣으며 섞습니다.

실온의 달걀을 두세 번에 나누어 넣으며 버터와 분리되지 않도록 잘 섞습니다.

바닐라페이스트를 넣고 섞습니다.

박력쌀가루와 아몬드가루, 통밀가루, 베이킹파우더를 체에 내려 넣습니다.

고무주걱을 세워서 날가루가 없어질 때까지 반죽을 자르듯이 섞습니다.

잘게 부숴둔 말린 로즈마리를 넣고 섞습니다.

반죽이 적당히 뭉치면 작업대에 내려놓고 스크 래퍼를 이용해 밀어 펴면서 재료를 고르게 섞 습니다.

골고루 섞은 반죽을 한 덩어리로 뭉친 다음 랩으 로 감싸 냉장실에서 1시간 동안 휴지합니다.

휴지가 끝난 반죽의 양옆에 1.5cm 두께의 각봉 을 두고 밀대로 밀어 반죽을 균일하게 폅니다.

6cm 원형 틀로 반죽을 찍어냅니다. 이때 원형 틀에 분량 외의 덧가루를 살짝 묻혀서 찍으면 반 죽이 틀에 달라붙지 않아 깔끔하게 자를 수 있습 니다.

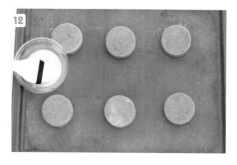

오븐팬에 테프론시트를 깔고 반죽을 올립니다.

달걀노른자와 생크림을 섞어 달걀물을 만든 다음 반죽 윗면에 골고루 바릅니다.

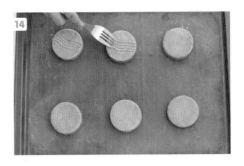

포크를 사용해 반죽의 윗면에 물결무늬를 냅니다.

분량 외의 버터를 발라둔 6cm 원형 틀을 반죽 위에 덧씌운 다음, 160℃로 예열한 오븐에 넣어 40분간 구우면 완성입니다.

TIP 반죽에 원형 틀을 덧씌워 구우면 반죽이 옆으로 퍼지지 않고 일정한 크기로 구울 수 있습니다.

밤 휘낭시에

초코 글라사주 ————

휘낭시에 반죽

보늬밤

밤 페이스트를 기본 반죽에 넣고, 보늬밤을 잘라 반죽 안에 쏙 넣어
밤의 풍미를 한껏 끌어올린 휘낭시에예요.
맛도, 모양도, 영양도 골고루 갖춘 밤 휘낭시에는 우유와 잘 어울려요.

| 재료

밤 휘낭시에
버터 110g
밤 페이스트 105g
설탕 46g
달걀흰자 110g

아몬드가루 35g
박력쌀가루 30g
베이킹파우더 2g
소금 1.5g
보늬밤 70g

초코 글라사주
다크 코팅초콜릿 70g
다크 커버춰초콜릿 25g

| 미리 준비하기

- 오븐은 미리 190℃로 예열해둡니다.
- 버터는 사방 1cm의 큐브 모양으로 잘라둡니다.
- 태운 버터를 식힐 때 사용할 얼음물을 미리 준비해둡니다.
- 달걀흰자는 미리 실온에 두어 차갑지 않은 상태로 준비합니다.
- 보늬밤은 사방 0.5cm의 큐브 모양으로 자른 후 수분을 제거합니다.
- 초코 글라사주의 초콜릿은 미리 녹여 30℃ 정도로 온도를 유지해둡니다.

냄비에 큐브 모양으로 자른 버터를 넣고, 거품기로 저어가며 중불에서 갈색이 되도록 태웁니다.

버터가 원하는 정도의 갈색이 되면 냄비를 얼음물에 잠깐 담가 열기를 식힌 후, 60℃ 정도로 유지해둡니다.

밤 페이스트를 전자레인지에 돌려 부드럽게 만든 다음 볼에 넣고 가볍게 풀어줍니다.

설탕을 넣고 거품기로 골고루 섞습니다.

실온의 달걀흰자를 두 번에 나누어 넣으며 잘 섞습니다.

아몬드가루와 박력쌀가루, 베이킹파우더, 소금을 체에 내려 넣고 날가루가 보이지 않도록 섞습니다.

2번 과정에서 준비한 60℃의 태운 버터를 반죽에 두세 번에 나누어 넣으며 분리되지 않도록 골고루 섞습니다.

반죽이 잘 섞이면 랩을 씌운 다음 냉장실에서 1시간 동안 휴지합니다.

휴지가 끝난 반죽을 짤주머니에 담은 뒤 밤 모양 틀에 1/2 정도만 채웁니다.

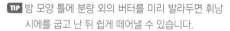 밤 모양 틀에 분량 외의 버터를 미리 발라두면 휘낭시에를 굽고 난 뒤 쉽게 떼어낼 수 있습니다.

반죽 위에 큐브 모양으로 잘라둔 보늬밤을 조금씩 올립니다.

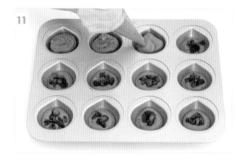

보늬밤 위를 나머지 반죽으로 덮어 채우고 190℃로 예열한 오븐에 넣어 13분간 굽습니다.

구운 휘낭시에는 한 김 식힌 뒤 틀에서 분리해 식힘망으로 옮깁니다. 그다음 미리 녹여둔 초코 글라사주를 둥근 부분에만 살짝 묻혀 장식하면 완성입니다.

티그레

다크 초코칩 ──────── ── 식용 금박

티그레 반죽 ──────── ── 가나슈

프랑스어로 '호랑이 무늬가 있는' 이라는 뜻을 가진 티그레는
태운 버터와 달걀, 우유 등을 섞어 구워낸 과자예요.
쌀가루로 만들어 촉촉하고, 가나슈를 넣어 진한 달콤함까지 느낄 수 있어요.

▮재료

티그레		가나슈	데커레이션
버터 115g	소금 1.5g	다크 커버춰초콜릿 50g	식용 금박
달걀흰자 80g	박력쌀가루 31g	생크림 50g	
설탕 63g	아몬드가루 42g	버터 10g	
꿀 12g	베이킹파우더 1g		
	다크 초코칩 35g		

▮미리 준비하기

• 오븐은 미리 180℃로 예열해둡니다.

• 티그레 반죽에 사용할 버터는 사방 1cm의 큐브 모양으로 잘라두고, 가나슈를 만들 버터는 실온에
  두어 말랑말랑한 포마드 상태로 준비합니다.

• 태운 버터를 식힐 때 사용할 얼음물을 미리 준비해둡니다.

• 달걀흰자는 미리 실온에 두어 차갑지 않은 상태로 준비합니다.

• 가나슈를 만들 때 사용하는 다크 커버춰초콜릿은 전자레인지 또는 중탕하여 반쯤 녹이고, 생크림은
  60~70℃ 정도로 데워둡니다.

티그레 냄비에 큐브 모양으로 자른 버터를 넣고, 거품기로 저어가며 중불에서 갈색이 되도록 태웁니다.

버터가 원하는 정도의 갈색이 되면 냄비를 얼음물에 잠깐 담가 열기를 식힌 후, 60℃ 정도로 유지해둡니다.

볼에 실온의 달걀흰자와 설탕, 꿀, 소금을 넣고 거품기로 저어 하얗고 조밀한 거품이 올라오도록 휘핑합니다.

박력쌀가루와 아몬드가루, 베이킹파우더를 체에 내려 넣고 날가루가 보이지 않도록 섞습니다.

2번 과정에서 준비한 60℃의 태운 버터를 반죽에 두세 번에 나누어 넣으며 분리되지 않도록 골고루 섞습니다.

다크 초코칩을 넣고 가볍게 섞습니다.

7

잘 섞인 반죽을 짤주머니에 담은 뒤, 티그레 틀
에 90% 정도만 채웁니다.

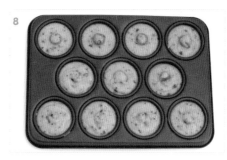

8

180℃로 예열한 오븐에 넣어 15분간 구운 다음
완전히 식혀 틀에서 분리합니다.

9

가나슈 전자레인지 또는 중탕으로 반쯤 녹여둔
다크 커버춰초콜릿에 60~70℃로 데운 생크림
을 넣어 초콜릿이 완전히 녹도록 섞습니다.

10

실온의 말랑한 버터를 넣고 골고루 섞어 가나슈
를 만듭니다.

11

10번 과정에서 만든 가나슈를 짤주머니에 넣은
다음, 8번 과정에서 완전히 식힌 티그레의 가운
데에 채워 넣습니다.

12

가나슈 위에 식용 금박을 올려 장식하면 완성입
니다.

레몬 커드 마들렌

레몬 커드 ————

———— 레몬 마들렌 반죽

겉은 바삭하고 속은 촉촉한 쌀가루 마들렌에 레몬 커드를 올려보았어요.
촉촉한 마들렌과 입안 가득 퍼지는 레몬의 상큼함 때문에
한입 깨물면 기분이 좋아지는 디저트예요.

┃재료

레몬 마들렌	베이킹파우더 2g	레몬 커드
달걀 108g	소금 1.2g	달걀 110g
설탕 59g	버터 98g	레몬즙 55g
꿀 10g	레몬즙 12g	설탕 50g
박력쌀가루 70g	레몬제스트 1개 분량	버터 50g
아몬드가루 42g		

┃미리 준비하기

• 오븐은 미리 180℃로 예열해둡니다.

• 달걀은 미리 실온에 두어 차갑지 않은 상태로 준비합니다.

• 마들렌 반죽에 들어갈 버터는 미리 녹여서 60℃ 정도로 유지해두고, 레몬 커드에 들어갈 버터는 실
온에 두어 말랑말랑한 포마드 상태로 준비합니다.

• 레몬제스트에 사용할 레몬은 분량 외의 베이킹파우더를 사용해 껍질을 깨끗하게 씻어서 준비합니다.

레몬 마들렌 마들렌 틀에 분량 외의 버터를 꼼꼼하게 바른 다음 냉장실에 넣어 보관해둡니다.

볼에 실온의 달걀을 넣고 풀다가 설탕과 꿀을 넣어 설탕이 어느 정도 녹을 때까지 잘 섞습니다.

박력쌀가루와 아몬드가루, 베이킹파우더, 소금을 체에 내려 넣고 날가루가 없어질 때까지 골고루 섞습니다.

60℃로 미리 녹여둔 버터를 반죽에 두세 번에 나누어 넣으며 분리되지 않도록 골고루 섞습니다.

레몬즙을 넣고 섞습니다.

깨끗하게 씻은 레몬을 제스터로 껍질만 갈아 넣고 골고루 섞습니다.

TIP 레몬의 하얀색 속껍질이 들어가면 쓴맛이 생기니 노란색의 겉껍질만 갈아서 제스트를 만들도록 합니다.

반죽에 랩을 밀착하여 붙인 다음 냉장실에서 1시간 동안 휴지합니다.

휴지가 끝난 반죽을 짤주머니에 담은 뒤, **1**번 과정에서 버터를 바른 마들렌 틀에 팬닝합니다.

180℃로 예열한 오븐에 넣어 13분간 굽습니다.

구운 마들렌은 옆으로 살짝 돌려 틀째 식힙니다.

레몬 커드 냄비에 달걀과 레몬즙, 설탕을 넣고 중불에서 주걱으로 저어가며 끓입니다.

반죽을 80℃가 될 때까지 끓입니다. 반죽이 묻은 주걱을 손가락으로 긁었을 때 선이 선명하게 유지될 정도의 농도가 되면 불에서 내립니다.

반죽에 실온의 버터를 작게 잘라 넣은 다음 섞어 녹이고 충분히 식혀둡니다.

레몬 커드 마들렌 10번 과정에서 충분히 식힌 마들렌의 배꼽 부분에 홈을 내어 속을 파냅니다.

13번 과정에서 충분히 식힌 레몬 커드를 짤주머니에 담은 뒤, 14번 과정에서 파낸 홈에 채워 넣으면 완성입니다.

Rice baking

쌀베이킹 바이블

Level 2

오렌지 케이크

오렌지콩피

오렌지 케이크 반죽

오렌지제스트

맛과 향이 좋고, 모양까지 예쁜 오렌지로 케이크를 만들어 보았어요.
오렌지페이스트와 오렌지제스트로 맛과 향을 더하고
오렌지콩피를 얹어 예쁜 비주얼로 완성했답니다.

| 재료

오렌지 케이크
버터 110g
슈가파우더 100g
달걀 110g
박력쌀가루 130g

아몬드가루 45g
베이킹파우더 2g
오렌지페이스트 25g
사워크림 20g
오렌지제스트 3g

물 60g
설탕 35g

오렌지콩피
오렌지 2개
물 250g
설탕 250g

| 미리 준비하기

- 오븐은 미리 165℃로 예열해둡니다.

- 버터는 실온에 두어 말랑말랑한 포마드 상태로 준비합니다.

- 달걀과 사워크림은 미리 실온에 두어 차갑지 않은 상태로 준비합니다.

- 제스트와 콩피에 들어가는 오렌지는 분량 외의 베이킹소다를 사용해 껍질을 깨끗하게 씻어서 준비
  합니다.

오렌지콩피 오렌지를 깨끗이 씻은 다음 0.2cm 두께로 슬라이스합니다.

냄비에 물과 설탕을 넣고 설탕이 녹을 때까지 끓여 시럽을 만듭니다.

뜨거운 상태의 끓인 시럽을 슬라이스 해둔 오렌지에 붓습니다.

랩을 오렌지와 시럽에 밀착시켜 붙인 다음, 냉장실에서 12시간 동안 숙성합니다. 12시간 후 시럽만 걸러내 다시 한번 끓인 뒤 오렌지에 붓는 작업을 3일 동안 총 3번 반복해 만듭니다.

케이크 틀 쿠킹호일을 잘라 타르트 링의 아래쪽 면을 막습니다.

타르트 링의 안쪽과 바닥에 분량 외의 버터를 발라 준비합니다.

오렌지 케이크 볼에 포마드 상태의 말랑한 버터를 넣고 부드럽게 푼 다음, 슈가파우더를 두 번에 나누어 넣으며 휘핑합니다.

실온의 달걀을 세 번에 나누어 넣으며 버터와 분리되지 않도록 잘 섞습니다.

박력쌀가루와 아몬드가루, 베이킹파우더를 체에 내려 넣고 두 번에 나누어 섞습니다.

오렌지페이스트를 넣고 섞습니다.

실온의 사워크림을 넣고 섞습니다.

오렌지제스트를 넣고 섞습니다.

TIP 오렌지제스트를 만들 때 하얀색 속껍질이 들어가면 쓴맛이 생기니 주황색의 겉껍질만 갈아서 제스트를 만들도록 합니다.

6번 과정에서 만든 케이크 틀에 4번 과정에서 만든 오렌지콩피를 수분기를 제거해 하나씩 넣습니다.

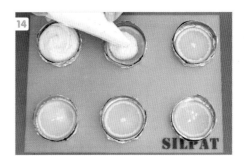

12번 과정에서 만든 반죽을 짤주머니에 담고 케이크 틀에 90% 정도 채웁니다.

미니 L자 스패출러를 이용해서 반죽의 윗면을 평평하게 정리하고, 165℃로 예열한 오븐에 넣어 20분간 굽습니다.

구운 케이크는 한 김 식힌 다음, 뒤집어서 쿠킹 호일을 제거합니다.

냄비에 물과 설탕을 넣고 끓여 시럽을 만든 뒤 식혀둡니다.

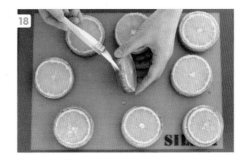

16번 과정의 오렌지 케이크에 온기가 남아있을 때, 시럽을 골고루 바르면 완성입니다.

생크림 카스텔라

샹티크림

카스텔라 반죽

간단한 재료로 최상의 디저트를 만들고 싶다면 가장 먼저 추천합니다.
폭신한 쌀가루 시트에 생크림을 가득 넣어 만든,
간단하지만 자꾸만 생각나 먹고 싶어지는 맛이에요.
오후 간식으로 아이부터 어른까지 모두 함께 즐겨보세요.

재료

카스텔라
달걀 110g
달걀노른자 40g
설탕 75g
꿀 10g
바닐라페이스트 3g

박력쌀가루 55g
옥수수전분 10g
베이킹파우더 2g
버터 25g
우유 25g

샹티크림
생크림 150g
설탕 8g
연유 10g

미리 준비하기

• 오븐은 미리 165℃로 예열해둡니다.

• 달걀과 달걀노른자는 미리 실온에 두어 차갑지 않은 상태로 준비합니다.

• 버터는 전자레인지를 사용하거나 중탕하여 녹이고, 우유는 50℃ 정도로 데워 준비합니다.

• 은박 머핀 컵에 머핀 유산지를 끼워둡니다.

• 샹티크림을 만들 때 사용하는 생크림은 사용 직전까지 차가운 상태로 준비합니다.

카스텔라 볼에 실온의 달걀과 달걀노른자, 설탕, 꿀을 넣고 중탕볼에 올려 39℃가 될 때까지 데웁니다.

핸드믹서를 중고속으로 두고 반죽을 휘핑합니다. 반죽이 아이보리색을 띠고, 휘퍼를 들어 올렸을 때 반죽이 계단 모양으로 쌓이는 상태가 되면 저속으로 휘핑해 반죽 속 기포를 정리합니다.

바닐라페이스트를 넣고 가볍게 섞습니다.

박력쌀가루와 옥수수전분, 베이킹파우더를 체에 내려 넣고 섞습니다.

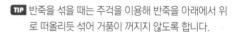
TIP 반죽을 섞을 때는 주걱을 이용해 반죽을 아래에서 위로 떠올리듯 섞어 거품이 꺼지지 않도록 합니다.

미리 녹여둔 버터와 50℃로 데운 우유에 반죽을 한 주걱 덜어 섞은 후, 본 반죽에 다시 넣어 빠르게 잘 섞습니다.

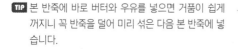
TIP 본 반죽에 바로 버터와 우유를 넣으면 거품이 쉽게 꺼지니 꼭 반죽을 덜어 미리 섞은 다음 본 반죽에 넣습니다.

반죽을 짤주머니에 담아 유산지를 끼운 은박 머핀 컵에 80% 정도 팬닝합니다.

165℃로 예열한 오븐에 넣어 15분간 굽고 충분히 식힙니다.

샹티크림 볼에 차가운 생크림과 설탕, 연유를 넣고 핸드믹서를 중속 이상으로 올려 휘핑합니다.

크림이 단단하게 올라오면 짤주머니에 담아 준비합니다.

생크림 카스텔라 7번 과정에서 충분히 식힌 카스텔라 윗부분에 십(十)자 모양으로 칼집을 냅니다.

9번 과정에서 샹티크림을 담은 짤주머니의 끝부분을 칼집 낸 곳에 밀어 넣고 짜서 크림을 충분히 채웁니다.

샹티크림이 들어있는 짤주머니 끝에 모양 깍지를 끼우고 카스텔라 윗면에 모양을 내 파이핑하면 완성입니다.

미니 바스크 치즈케이크

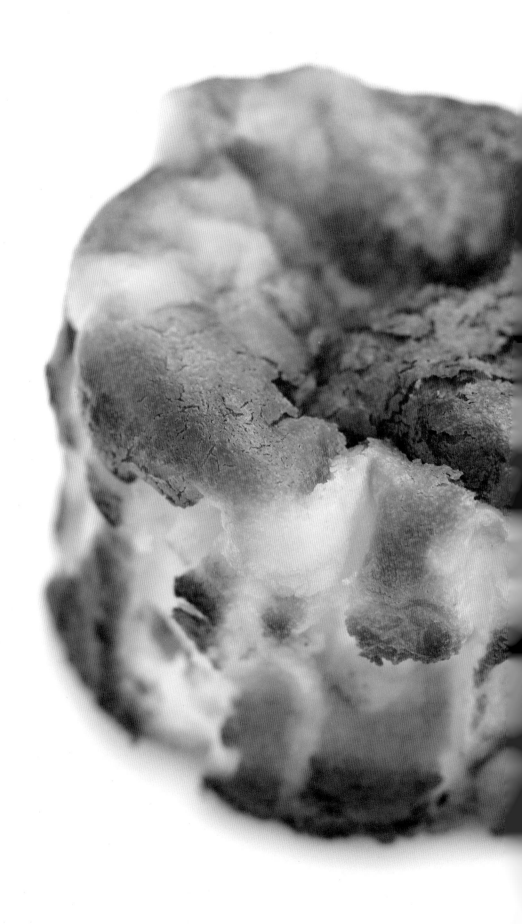

치즈케이크 반죽

스페인 바스크 지역의 한 식당에서 유래한 바스크 치즈케이크는
이제 카페에서 쉽게 접할 수 있는 대중적인 케이크로 자리 잡았어요.
태운 듯한 비주얼로 군고구마 향을 내는 바스크 치즈케이크를
미니 버전으로 만나보세요.

❙ 재료

바스크 치즈케이크
크림치즈 225g
설탕 80g
소금 1.5g
달걀 120g

생크림 108g
전분 9g
바닐라페이스트 5g

❙ 미리 준비하기

• 오븐은 미리 230℃로 예열해둡니다.

• 크림치즈는 실온에 두어 말랑말랑한 포마드 상태로 준비합니다.

• 달걀과 생크림은 미리 실온에 두어 차갑지 않은 상태로 준비합니다.

• 머핀 틀에 유산지 컵을 끼워둡니다.

볼에 포마드 상태의 말랑한 크림치즈를 넣고 가볍게 풀어줍니다.

크림치즈에 설탕과 소금을 넣고 서걱거림이 없을 때까지 골고루 섞습니다.

실온의 달걀을 두세 번에 나누어 넣으며 버터와 분리되지 않도록 잘 섞습니다.

실온의 생크림을 넣고 섞습니다.

전분을 넣고 섞습니다.

바닐라페이스트를 넣고 섞습니다.

잘 섞은 반죽을 체에 한 번 내려 매끈한 상태로 만듭니다.

미리 유산지 컵을 끼워둔 머핀 틀에 반죽을 붓고, 230℃로 예열한 오븐에 넣어 12분간 굽습니다.

구운 치즈케이크는 실온에서 충분히 식힌 후 틀째 랩핑하거나 통에 담아 하루 동안 냉장 보관하면 완성입니다.

말차 컵케이크

애플민트

말차가루

말차 크림치즈 프로스팅

말차 컵케이크 반죽

진한 말차가루와 쌀가루로 만든 폭신폭신한 컵케이크에
무겁지 않은 말차 크림치즈 프로스팅을 올려서 만들었어요.
말차의 쌉쌀함과 크림치즈의 부드러움이 조화롭게 참 잘 어울려요.

⎮재료

말차 컵케이크		말차 크림치즈 프로스팅	데커레이션
버터 95g	박력쌀가루 105g	크림치즈 150g	말차가루
설탕 90g	말차가루 5g	슈가파우더 60g	애플민트
소금 1g	베이킹파우더 3g	생크림 180g	
달걀 95g	우유 65g	말차가루 5g	

⎮미리 준비하기

- 오븐은 미리 170℃로 예열해둡니다.
- 버터와 크림치즈는 실온에 두어 말랑말랑한 포마드 상태로 준비합니다.
- 달걀은 미리 실온에 두어 차갑지 않은 상태로 준비합니다.
- 우유는 전자레인지를 사용하거나 중탕하여 40℃로 유지해둡니다.
- 머핀 틀에 유산지 컵을 끼워둡니다.
- 말차 크림치즈 프로스팅을 담을 짤주머니에는 원하는 모양의 깍지를 끼워둡니다.

말차 컵케이크 볼에 포마드 상태의 말랑한 버터를 넣고 가볍게 풀어준 다음, 설탕과 소금을 두세 번에 나누어 넣으며 휘핑합니다.

실온의 달걀을 두세 번에 나누어 넣으며 버터와 분리되지 않도록 휘핑합니다.

TIP 만약 반죽이 분리되었다면 가루 재료를 조금 넣어 섞습니다. 가루 재료가 반죽이 분리되는 것을 막아줍니다.

박력쌀가루와 말차가루, 베이킹파우더를 체에 내려 넣고 날가루가 보이지 않을 때까지 잘 섞습니다.

40℃로 데워둔 우유를 넣고 골고루 섞어 반죽을 매끈하게 만듭니다.

반죽을 짤주머니에 담아 유산지 컵을 끼워둔 머핀틀에 70g씩 팬닝하고, 170℃로 예열한 오븐에 넣어 18분간 굽습니다.

구운 머핀은 틀째 5분간 식힌 후, 틀에서 꺼내 충분히 식힙니다.

말차 크림치즈 프로스팅 볼에 실온의 말랑한 크림치즈를 넣고 주걱으로 부드럽게 풀어줍니다.

슈가파우더를 넣고 날가루가 없도록 매끈하게 섞습니다.

다른 볼에 생크림을 넣고 말차가루를 체에 내린 뒤, 뿔이 서고 힘이 있는 단단한 상태로 휘핑합니다.

8번 과정의 크림치즈 반죽에 9번 과정의 말차 크림을 두세 번에 나누어 넣으며 섞습니다.

크림을 컵케이크에 파이핑할 수 있을 정도로 단단하게 휘핑합니다.

TIP 크림을 오버휘핑하면 분리될 수 있으니 주의하여 휘핑하도록 합니다.

데커레이션 11번 과정의 말차 크림치즈 프로스팅을 둥근 깍지를 끼운 짤주머니에 담고 6번 과정에서 충분히 식힌 컵케이크 위에 파이핑합니다.

미니 L자 스패출러로 크림의 윗부분을 매끈하게 정리합니다.

말차 크림치즈 프로스팅 위에 말차가루를 뿌린 뒤 애플민트를 올리면 완성입니다.

12번 과정에서 둥근 깍지 이외에 상투 깍지 등 다양한 모양의 깍지를 사용하면 다른 느낌의 컵케이크를 만들 수 있습니다.

마찬가지로 말차 크림치즈 프로스팅 위에 말차가루를 뿌리고 애플민트를 올리면 완성입니다.

베리 갸또 쇼콜라

식용 금박

생딸기

라즈베리 크림

데코스노우

갸또 쇼콜라 반죽

초콜릿의 풍미와 달콤하고 부드러운 라즈베리 크림이
환상적으로 어울리는 갸또 쇼콜라 케이크예요.
계절에 따라 크림 위에 올라가는 과일을 다양하게 바꾸며 즐겨보세요.

┃재료

갸또 쇼콜라
버터 65g
다크 커버춰초콜릿 85g
달걀노른자 50g
설탕A 35g
생크림 60g

달걀흰자 80g
설탕B 35g
박력쌀가루 20g
코코아가루 30g

라즈베리 크림
생크림 150g
마스카포네 치즈 30g
설탕 17g
라즈베리 퓨레 40g

데커레이션
생딸기
데코스노우
애플민트
식용 금박

┃미리 준비하기

• 오븐은 미리 160℃로 예열해둡니다.

• 달걀노른자와 흰자는 미리 실온에 두어 차갑지 않은 상태로 준비합니다.

• 갸또 쇼콜라용 생크림은 전자레인지를 사용하거나 중탕하여 50℃로 데워서 준비하고, 라즈베리 크림용 생크림은 사용 직전까지 냉장고에 넣어 차갑게 준비합니다.

• 마스카포네 치즈는 실온에 두어 말랑말랑한 포마드 상태로 준비합니다.

• 1호 원형 케이크 틀에 유산지를 깔아둡니다.

• 데커레이션용 생딸기는 깨끗이 씻어 준비합니다. 계절에 따라 체리나 라즈베리로 대체할 수 있습니다.

갸또 쇼콜라 볼에 버터를 큐브 모양으로 잘라서 넣고, 다크 커버춰초콜릿을 함께 담아 전자레인지에 넣어 녹입니다.

녹인 버터와 커버춰초콜릿은 잘 섞어 유화시키고, 40~45℃ 정도의 온도로 유지합니다.

다른 볼에 실온의 달걀노른자와 설탕A를 넣고 거품기로 충분히 섞어 달걀이 미색을 띨 때까지 휘핑합니다.

달걀노른자 반죽에 2번 과정에서 따뜻하게 녹여둔 버터와 초콜릿을 넣고 잘 섞습니다.

50℃로 미리 데워둔 생크림을 넣고 골고루 섞습니다.

다른 볼에 실온의 달걀흰자를 넣고 설탕B를 두세 번에 나누어 넣으며 휘핑합니다.

7

휘퍼를 들었을 때 머랭의 뿔이 짧게 올라와 살짝
휘는 정도가 되도록 단단하게 머랭을 만듭니다.

8

5번 과정에서 만든 쇼콜라 반죽에 박력쌀가루
와 코코아가루를 체에 내려 넣고 날가루가 보이
지 않도록 골고루 섞습니다.

9

7번 과정에서 만든 머랭을 쇼콜라 반죽에 두세
번에 나누어 넣으며 섞습니다.

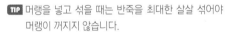 머랭을 넣고 섞을 때는 반죽을 최대한 살살 섞어야
머랭이 꺼지지 않습니다.

10

머랭이 어느 정도 섞이면 주걱으로 한 번 더 섞
어 마무리합니다.

11

유산지를 깔아둔 원형 케이크 틀에 반죽을 담
고, 160℃로 예열한 오븐에 넣어 30분간 굽습
니다.

12

구운 시트는 바닥에 한 번 내리쳐 열기를 빼고
틀째 식힙니다. 그다음 냉장고에 넣어 완전히
차갑게 식힙니다.

라즈베리 크림 볼에 차가운 생크림과 실온의 마스카포네 치즈, 설탕, 라즈베리 퓨레를 넣고 중속으로 휘핑합니다.

휘퍼를 들었을 때 짧은 부리가 생기도록 힘이 있고 단단하게 크림을 만듭니다.

데커레이션 12번 과정에서 차갑게 식혀둔 갸또 쇼콜라 시트 위에 단단하게 만든 라즈베리 크림을 올립니다.

스패출러로 윗면을 매끈하게 정리합니다. 시트의 옆면까지 아이싱할 필요는 없습니다.

크림 위에 생딸기를 올리고 데코스노우를 살짝 뿌린 후, 애플민트와 식용 금박으로 장식하면 완성입니다.

살레 파운드케이크

피망

그라나파다노 치즈

콜비잭 치즈

베이컨

에담 치즈

건조 방울토마토

파운드케이크 반죽

'살레(salé)'란 프랑스어로 '소금기를 함유하다, 짭짤하다'라는 뜻으로
설탕을 넣지 않고 소금과 치즈로 맛을 낸 짭쪼롬한 파운드케이크입니다.
따뜻할 때 먹어야 더 맛있고 식사 대용으로도 아주 좋으니
다양한 재료를 넣어 만들어보세요.

재료

살레 파운드케이크	베이킹파우더 3g	베이컨 50g	데커레이션
달걀 108g	소금 1.2g	건조 방울토마토 30g	건조 방울토마토
후추 0.3g	우유 77g	콜비잭 치즈 35g	피망
박력쌀가루 122g	올리브유 61g	에담 치즈 20g	그라나파다노 치즈
강력쌀가루 30g	피망 27g		

미리 준비하기

- 오븐은 미리 170℃로 예열해둡니다.

- 달걀은 미리 실온에 두어 차갑지 않은 상태로 준비합니다.

- 우유는 전자레인지를 사용하거나 중탕하여 50℃로 데워서 준비합니다.

- 피망, 베이컨, 건조 방울토마토는 0.5cm 크기로 자르고, 콜비잭 치즈는 1cm 크기로 잘라 준비합니다.

- 오란다 틀에 유산지를 깔아둡니다.

프라이팬에 분량 외의 기름을 두르고 0.5cm로
잘라둔 피망을 살짝 볶은 후, 기름기를 제거해
둡니다.

프라이팬에 0.5cm로 잘라둔 베이컨을 살짝 볶
은 후, 기름기를 제거해둡니다.

볼에 실온의 달걀과 후추를 넣고 가볍게 섞습
니다.

박력쌀가루와 강력쌀가루, 베이킹파우더, 소금
을 체에 내려 넣고 잘 섞습니다.

가루 재료가 어느 정도 섞이면 50℃로 미리 데
워둔 우유와 올리브유를 넣고 반죽이 매끈해지
도록 섞습니다.

반죽에 1번과 2번 과정에서 준비한 볶은 피망
과 베이컨을 넣고 잘게 자른 건조 방울토마토와
콜비잭 치즈, 에담 치즈까지 넣은 다음 골고루
섞습니다.

7

유산지를 깔아둔 오란다 틀에 반죽을 담습니다.

8

반죽 위에 데커레이션용으로 준비해둔 건조 방울토마토와 피망을 예쁘게 올리고, 170℃로 예열한 오븐에 넣어 30분간 굽습니다.

9

구운 살레 파운드케이크를 틀에서 분리하고 식기 전에 그라나파다노 치즈를 갈아주면 완성입니다.

옥수수 콘브레드

콘브레드 반죽

캔 옥수수

콘브레드는 옥수수가루로 만든 미국 남부지역의 전통 베이커리입니다.
옥수수가루에 통밀가루를 넣어 거칠지만 담백하고 고소한 맛이 매력이죠.
묵직하면서도 부드러운 콘브레드는 간단하게 만들어 먹기 참 좋아요.

┃재료

옥수수 콘브레드
콘밀 92g
박력쌀가루 42g
통밀가루 60g
베이킹파우더 5g

설탕 47g
우유 150g
달걀 55g
소금 2g
카놀라유 55g

캔 옥수수 60g

┃미리 준비하기

- 오븐은 미리 170℃로 예열해둡니다.
- 우유와 달걀은 미리 실온에 두어 차갑지 않은 상태로 준비합니다.
- 캔 옥수수는 물기를 완전히 제거해서 준비합니다.
- 1호 정사각 틀에 유산지를 깔아둡니다.

볼에 콘밀과 박력쌀가루, 통밀가루, 베이킹파우
더, 설탕을 넣고 가볍게 섞습니다.

다른 볼에 실온의 우유와 달걀, 소금을 넣고 섞
습니다.

카놀라유를 넣고 분리되지 않도록 골고루 섞습
니다.

반죽에 1번 과정에서 섞어둔 가루 재료를 두세
번에 나눠 넣으며 섞습니다.

날가루나 뭉친 부분이 없도록 매끈하게 골고루
섞습니다.

물기를 제거한 캔 옥수수를 넣고 섞습니다.

유산지를 깔아둔 정사각 틀에 반죽을 모두 담고, 170℃로 예열한 오븐에 넣어 30분간 굽습니다.

TIP 빵의 가운데가 너무 부풀지 않도록 주걱을 이용해서 반죽을 모서리 부분으로 보내 평평하게 만듭니다.

구운 콘브레드를 틀에서 분리한 다음 식힘망에서 완전히 식히면 완성입니다.

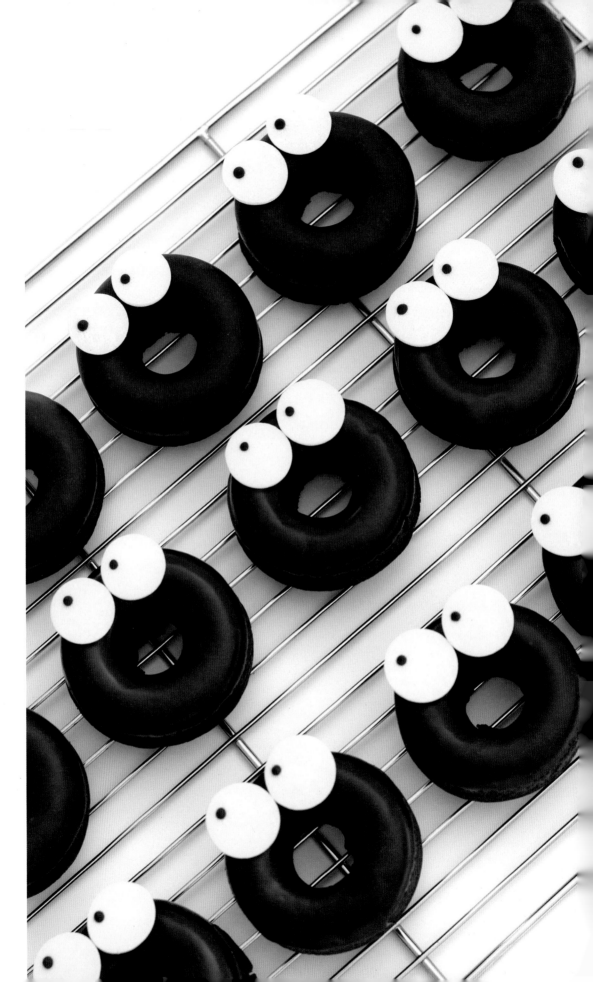

구운 초코 도넛

화이트 코팅초콜릿 —　　　　　　　　　— 초코 글라사주

— 초코 도넛 반죽

오븐에 구워 깔끔한 맛을 낸 도넛이에요.

초코 글라사주로 옷을 입히고 눈을 만들었더니 아이들이 제일 좋아해요.

아이들과 함께 간단하게 만들 수 있어서 더없이 좋은 간식이 될 거예요.

ㅣ 재료

초코 도넛
버터 90g
설탕 75g
꿀 10g
소금 1g

달걀 95g
박력쌀가루 105g
코코아가루 20g
베이킹파우더 2g
우유 20g

초코 글라사주
다크 커버춰초콜릿 165g
다크 코팅초콜릿 135g

데커레이션
화이트 코팅초콜릿

ㅣ 미리 준비하기

• 오븐은 미리 165℃로 예열해둡니다.

• 버터는 실온에 두어 말랑말랑한 포마드 상태로 준비합니다.

• 달걀은 미리 실온에 두어 차갑지 않은 상태로 준비합니다.

• 우유는 전자레인지를 사용하거나 중탕하여 40℃로 데워서 준비합니다.

초코 도넛 실리코마트 도넛 몰드에 분량 외의
버터를 발라둡니다.

볼에 포마드 상태의 말랑한 버터를 넣고 가볍게
풀다가 설탕과 꿀, 소금을 넣어 휘핑합니다.

실온의 달걀을 두세 번에 나누어 넣으며 고속으
로 휘핑해 버터와 분리되지 않도록 섞습니다.

박력쌀가루, 코코아가루, 베이킹파우더를 두세
번에 나눠 체에 내려 넣고 날가루가 보이지 않
도록 골고루 섞습니다.

미리 40℃로 데워둔 우유를 넣고 골고루 섞어
반죽을 매끈하게 만듭니다.

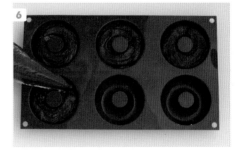

매끈한 반죽을 짤주머니에 넣고, 1번 과정에서
버터를 바른 몰드에 90% 정도만 채웁니다.

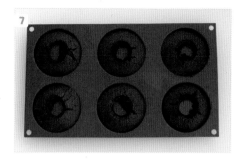

165℃로 예열한 오븐에 넣어 15분간 굽습니다.

구운 도넛은 한 김 식힌 뒤 몰드에서 분리해 식힘망에 올려 완전히 식힙니다.

초코 글라사주 볼에 다크 커버춰초콜릿과 다크 코팅초콜릿을 넣고 녹인 다음, 30℃로 유지해 준비합니다.

데커레이션 초코 글라사주에 8번 과정에서 완전히 식힌 도넛의 둥근 윗면을 반 정도 담갔다 꺼내 초코 글라사주를 입힙니다.

초코 글라사주가 굳기 전에 화이트 코팅초콜릿 두 개를 눈 모양으로 올려 붙입니다.

화이트 코팅초콜릿 위에 초코 글라사주를 살짝 찍어 눈동자를 만들면 완성입니다.

Rice baking

쌀베이킹 바이블

Level 3

판드젠

마롱 구겔호프

엔젤 시폰 케이크

헤이즐넛 쉭세

슈톨렌 파운드케이크

티라미수 크레이프 케이크

망고 바질 타르트

레드벨벳 하트 케이크

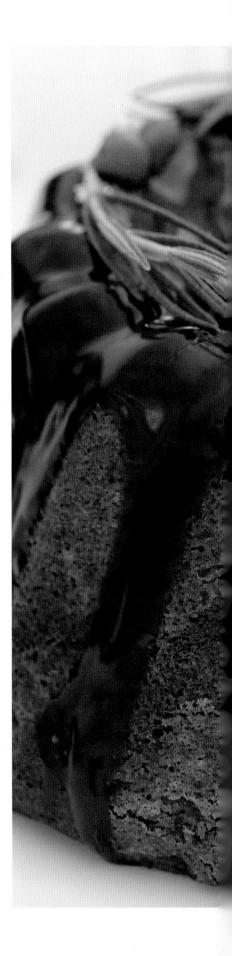

판드젠

구운 백아몬드
슬라이스

슈가파우더

판드젠 반죽

만드는 과정이 어렵지 않고 완성된 모습이 단순해 보이지만,

아몬드가루와 다크럼의 향이 매우 잘 어우러지는 고급스러운 디저트예요.

판드젠은 언제 먹어도 맛있지만, 오후 티타임에 적극 추천합니다.

| 재료

판드젠
백아몬드 슬라이스 **10g**
아몬드가루 **120g**
슈가파우더 **150g**
달걀 **155g**

박력쌀가루 **18g**
옥수수전분 **19g**
베이킹파우더 **3g**
버터 **65g**
다크럼 **7g**

데커레이션
슈가파우더

| 미리 준비하기

• 오븐은 미리 170℃로 예열해둡니다.

• 달걀은 미리 실온에 두어 차갑지 않은 상태로 준비합니다.

• 버터는 전자레인지를 사용하거나 중탕하여 녹인 뒤, 50~60℃로 유지해둡니다.

백아몬드 슬라이스를 로스팅합니다. 오븐팬에 아몬드 슬라이스를 올려 150℃로 예열한 오븐에 넣고 10분간 구운 뒤 식혀둡니다.

타르트 틀에 분량 외의 버터를 충분히 바릅니다.

1번 과정에서 로스팅한 백아몬드 슬라이스 중 모양이 예쁜 것만 골라서 타르트 틀 바닥에 붙여둡니다.

볼에 아몬드가루와 슈가파우더를 넣고 실온의 달걀을 1/3 분량만 넣어 저속으로 휘핑합니다.

나머지 달걀을 두세 번에 나누어 넣고 중고속으로 충분히 휘핑합니다.

반죽이 뽀얗게 올라오면 박력쌀가루와 옥수수전분, 베이킹파우더를 넣고 날가루가 없도록 섞습니다.

미리 50℃로 녹여둔 버터를 두세 번에 나누어 넣
으며 반죽과 분리되지 않도록 골고루 섞습니다.

다크럼을 넣고 섞습니다.

3번 과정에서 아몬드 슬라이스를 붙인 타르트
틀에 반죽을 붓습니다.

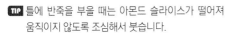 틀에 반죽을 부을 때는 아몬드 슬라이스가 떨어져
움직이지 않도록 조심해서 붓습니다.

타르트 틀을 바닥에 살짝 내리쳐 반죽 속 기포
를 빼고, 170℃로 예열한 오븐에 넣어 37분간
굽습니다.

구운 판드젠은 틀째 바닥에 내리쳐 쇼크를 줍니
다. 그다음 틀을 뒤집어서 꺼내고 식힘망에 올
려 완전히 식힙니다.

TIP 쌀가루 케이크지만 아몬드가루의 함량이 높아서, 구
운 뒤 바로 틀을 제거하고 식혀도 케이크의 형태가
무너지지 않습니다.

완전히 식은 판드젠 위에 슈가파우더를 살짝 뿌
려 장식하면 완성입니다.

마롱 구겔호프

로즈마리

보늬밤

초코 글라사주

구겔호프 반죽

구겔호프를 초코 마블로 만들고 초코와 잘 어울리는 보늬밤을 넣어
훨씬 풍미가 깊고 고급스러운 마롱 구겔호프로 완성해 보았어요.
바로 먹어도 좋지만, 하루 숙성 후 먹으면 더욱 맛있게 즐길 수 있어요.

▎재료

마롱 구겔호프	설탕B 30g	초코 글라사주	데커레이션
버터 150g	박력쌀가루 80g	다크 커버춰초콜릿 80g	보늬밤
설탕A 60g	아몬드가루 80g	생크림 80g	로즈마리
달걀 50g	베이킹파우더 3g		식용 금박
달걀노른자 72g	다크 커버춰초콜릿 150g		
밤페이스트 50g	보늬밤 65g		
달걀흰자 72g			

▎미리 준비하기

- 오븐은 미리 165℃로 예열해둡니다.

- 버터는 실온에 두어 말랑말랑한 포마드 상태로 준비합니다.

- 달걀과 달걀노른자는 미리 실온에 두어 차갑지 않은 상태로 준비합니다.

- 밤페이스트는 전자레인지에 살짝 데워서 부드럽게 풀어 준비합니다.

- 달걀흰자는 냉장 상태로 사용 직전까지 차갑게 준비합니다.

- 보늬밤은 1cm 크기의 큐브 모양으로 잘라둡니다.

- 초코 글라사주에 들어가는 생크림은 전자레인지를 사용하거나 중탕하여 60℃로 데워서 준비합니다.

마롱 구겔호프 볼에 포마드 상태의 말랑한 버터를 넣어 부드럽게 푼 다음, 설탕A를 두세 번에 나누어 넣으며 충분히 휘핑합니다.

실온의 달걀과 달걀노른자를 조금씩 여러 차례 나누어 넣으며 버터와 분리되지 않도록 잘 휘핑합니다.

TIP 달걀의 양이 많아 한 번에 많이 넣으면 버터와 쉽게 분리될 수 있으므로 조금씩 여러 번에 걸쳐 나눠 넣으며 충분히 휘핑합니다.

미리 살짝 데워 부드럽게 풀어둔 밤페이스트에 반죽의 일부를 덜어 잘 섞습니다.

TIP 밤페이스트에 반죽을 조금 덜어 미리 섞으면 본 반죽에 넣어 섞었을 때 뭉친 부분 없이 골고루 섞을 수 있습니다.

밤페이스트와 소량의 반죽이 섞이면 본 반죽에 모두 넣고 잘 섞이도록 충분히 휘핑합니다.

다른 볼에 차가운 상태의 달걀흰자를 넣고 설탕 B를 두세 번에 나누어 넣으며 휘핑합니다.

휘퍼를 들어 올렸을 때 단단하고 끝이 살짝 휘는 정도로 머랭을 만듭니다.

4번 과정에서 만든 반죽에 단단하게 휘핑한 머랭을 1/2 분량만 넣고 거품이 꺼지지 않도록 조심하면서 주걱으로 섞습니다.

머랭이 어느 정도 섞이면 박력쌀가루와 아몬드가루, 베이킹파우더를 1/2 분량만 체에 내려 넣고 잘 섞습니다.

반죽이 날가루 없이 잘 섞이면 나머지 머랭을 모두 넣고 섞습니다.

머랭이 어느 정도 섞이면 나머지 박력쌀가루와 아몬드가루, 베이킹파우더를 모두 체에 내려 넣고 날가루 없이 골고루 섞습니다.

깨끗한 볼에 반죽의 1/3 분량을 나누어 담아 두 개의 반죽으로 만듭니다.

작은 볼에 다크 커버춰초콜릿을 넣고 전자레인지를 사용하거나 중탕하여 녹인 뒤, 40~45℃로 유지합니다.

11번 과정에서 1/3 분량을 덜어둔 반죽에 녹인 다크 커버춰초콜릿을 넣습니다.

고무주걱으로 매끈하게 섞어 초콜릿 반죽을 만듭니다.

구겔호프 틀에 분량 외의 말랑한 버터를 충분히 바릅니다.

구겔호프 틀에 11번 과정에서 남겨둔 2/3 분량의 기본 반죽과 14번 과정에서 만든 초콜릿 반죽을 조금씩 덜어 번갈아가며 채웁니다.

반죽 중간중간에 큐브 모양으로 자른 보늬밤을 넣습니다.

두 가지 반죽을 가득 채우고 윗부분을 매끈하게 정리한 다음 틀을 바닥에 살짝 내리쳐 기포를 빼줍니다.

165℃로 예열한 오븐에 넣어 45분간 구운 다음, 틀에서 분리하고 식힘망에 올려 완전히 식힙니다.

초코 글라사주 작은 볼에 다크 커버춰초콜릿을 넣고 전자레인지나 중탕으로 반쯤 녹인 뒤, 60℃로 데운 생크림을 넣고 잘 섞어 35℃로 유지합니다.

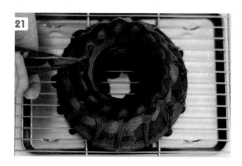

데커레이션 초코 글라사주를 짤주머니에 담아 완전히 식은 구겔호프에 뿌립니다.

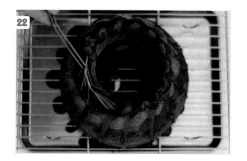

초코 글라사주가 굳기 전에 로즈마리와 보늬밤, 식용 금박을 올려 장식하면 완성입니다.

엔젤 시폰 케이크

엔젤 시폰 케이크
반죽

버터 없이 달걀흰자만으로도 하얗고 맛있는 케이크를 만들 수 있어요.
쌀가루로 만들어 더욱 보들보들하고, 촉촉하면서도 쫄깃한 식감이 매력이에요.
한번 먹기 시작하면 멈출 수 없는 엔젤 시폰 케이크, 꼭 만들어보세요.

| 재료

엔젤 시폰 케이크
박력쌀가루 52g
우유 40g
포도씨유 25g
달걀흰자 128g

설탕 60g
레몬즙 4g

| 미리 준비하기

- 오븐은 미리 165℃로 예열해둡니다.

- 우유는 미리 실온에 두어 차갑지 않은 상태로 준비합니다.

- 달걀흰자는 냉장 상태로 사용 직전까지 차갑게 준비합니다.

- 엔젤케이크 틀이 없다면 일반 시폰 틀이나 미니 시폰 틀을 사용해도 좋습니다.

볼에 박력쌀가루와 실온의 우유, 포도씨유를 넣습니다.

날가루 없이 매끈한 상태가 될 때까지 섞습니다.

다른 볼에 차가운 상태의 달걀흰자를 넣고 고속으로 휘핑합니다. 전체적으로 하얀 거품이 올라오면 설탕을 두세 번에 나누어 넣으며 휘핑해 머랭을 만듭니다.

레몬즙을 넣고 한 번 더 휘핑합니다.

휘퍼를 들어 올렸을 때, 머랭 끝이 살짝 휘는 정도로 단단하고 쫀쫀한 머랭을 만듭니다.

2번 과정에서 만든 반죽에 머랭을 1/3 분량만 넣고 잘 섞습니다.

남은 머랭의 절반을 넣고 섞습니다.

남은 머랭을 모두 넣고 주걱으로 섞습니다. 주걱으로 섞을 때는 머랭과 반죽을 아래에서 위로 떠올리듯이 섞어 머랭의 거품이 꺼지지 않도록 합니다.

엔젤케이크 틀에 분무기로 물을 뿌려둡니다.

TIP 틀에 물을 뿌려두면 반죽을 구운 다음 떼어낼 때 훨씬 수월하게 분리할 수 있습니다.

반죽을 틀에 넣습니다.

긴 꼬치를 이용해 반죽 전체를 빙글빙글 돌려가며 휘저어 반죽 속의 기포를 제거합니다. 그다음 165℃로 예열한 오븐에 넣어 20분간 굽습니다.

구운 케이크는 틀째 뒤집어 완전히 식힌 다음 틀에서 떼어내면 완성입니다.

TIP 엔젤 시폰 케이크는 손으로 가장자리를 살짝 눌러가며 떼어내거나, 시폰 나이프로 가장자리를 분리해 떼어내면 훨씬 수월합니다.

헤이즐넛 쉭세

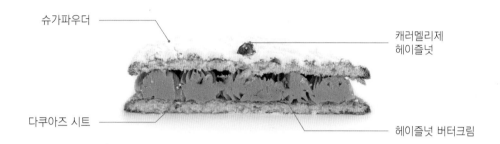

슈가파우더

캐러멜리제
헤이즐넛

다쿠아즈 시트

헤이즐넛 버터크림

다쿠아즈의 폭신함과 헤이즐넛 버터크림의 고소함이 참 잘 어울리는 케이크예요.
케이크 안에 캐러멜리제 헤이즐넛을 넣어서 단조로울 수 있는 크림에
한 번 더 풍미를 업그레이드시켰어요.

재료

다쿠아즈 시트
달걀흰자 105g
설탕 37g
아몬드가루 72g
슈가파우더 65g
박력쌀가루 9g
장식용 슈가파우더

헤이즐넛 버터크림
달걀노른자 48g
설탕 48g
우유 120g
버터 195g
헤이즐넛 프랄린 70g

캐러멜리제 헤이즐넛
헤이즐넛 60g
물 15g
설탕 60g

미리 준비하기

• 오븐은 미리 170℃로 예열해둡니다.

• 유산지를 지름 15cm 크기로 2개 잘라 준비합니다.

• 짤주머니에 원형 깍지와 867K 깍지를 끼워 준비합니다.

• 다쿠아즈 시트에 들어가는 달걀흰자는 사용 직전까지 냉장 상태로 차갑게 준비하고, 헤이즐넛 버터크림에 들어가는 달걀노른자는 실온에 두어 차갑지 않은 상태로 준비합니다.

• 버터크림의 온도를 낮출 때 사용할 얼음물을 미리 준비해둡니다.

• 헤이즐넛 버터크림에 들어가는 버터는 사방 1cm 크기의 큐브 형태로 자르고 실온에 두어 말랑말랑한 포마드 상태로 준비합니다.

• 캐러멜리제 헤이즐넛에 들어가는 헤이즐넛은 실온에 두어 차갑지 않은 상태로 준비합니다.

다쿠아즈 시트 볼에 차가운 상태의 달걀흰자를 넣고 고속으로 휘핑합니다. 하얀 거품이 전체적으로 올라오면 설탕을 세 번에 나누어 넣으며 머랭을 만듭니다.

휘퍼를 들어 올렸을 때, 끝에 뿔이 서고 힘이 있는 조밀한 머랭을 만듭니다.

아몬드가루와 슈가파우더, 박력쌀가루를 체에 내려 두 번에 나누어 넣으며 섞습니다.

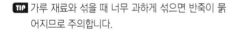 **TIP** 가루 재료와 섞을 때 너무 과하게 섞으면 반죽이 묽어지므로 주의합니다.

반죽이 매끈해지면 원형 깍지를 끼워둔 짤주머니에 담습니다.

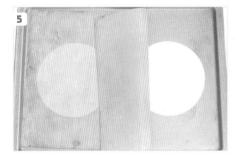

오픈팬에 지름 15cm로 자른 원형 유산지 2장을 깔고 테프론시트를 덮습니다.

테프론시트에 비치는 원형 유산지의 크기만큼 반죽을 달팽이 모양으로 일정하게 짭니다.

장식용 슈가파우더를 반죽 위에 뿌립니다. 슈가
파우더가 반죽에 흡수되면 한 번 더 체에 내려
총 두 번을 뿌립니다.

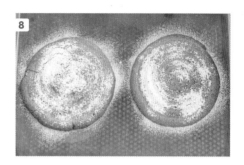

170℃로 예열한 오븐에 넣어 18분간 구운 다
음, 식힘망에 옮겨 식힙니다.

충분히 식은 시트는 테프론시트에서 떼어내어
식힘망에 올려둡니다.

헤이즐넛 버터크림 볼에 실온의 달걀노른자와
설탕을 넣고 뽀얗게 될 때까지 휘핑합니다.

냄비에 우유를 넣고 끓이다가 가장자리가 끓어
오르면 불에서 내려 10번 과정의 반죽에 조금
씩 넣어 섞습니다.

우유와 잘 섞은 반죽은 다시 냄비에 넣어 약불
로 끓입니다.

약불에서 반죽이 덩어리지지 않도록 저어가며
끓여 85℃까지 온도를 높입니다.

주걱에 묻어있는 반죽을 손가락으로 긁었을
때, 자국이 선명하게 남는 정도가 될 때까지 끓
입니다.

반죽을 미리 준비한 얼음물 위에 올려 온도를
25℃까지 낮춥니다.

온도를 낮춘 반죽을 체에 내려 매끈한 크림으로
만듭니다.

큐브 모양으로 자른 포마드 상태의 말랑한 버터
를 크림에 조금씩 나누어 넣으며 고속으로 휘핑
합니다.

TIP 처음에는 분리되는 것처럼 보이지만 고속으로 계속
휘핑하면 버터가 뭉치기 시작합니다.

버터를 다 넣고 섞어 매끈하고 윤기 있는 버터
크림을 만듭니다.

헤이즐넛 프랄린을 넣고 중속으로 휘핑해 골고
루 섞습니다.

잘 섞은 헤이즐넛 버터크림은 867K 깍지를 끼
운 짤주머니에 담아둡니다.

캐러멜리제 헤이즐넛 실온의 헤이즐넛을 위생
비닐에 담아 가볍게 두드려 반으로 자릅니다.

냄비에 물과 설탕을 넣고 118℃까지 끓여 설탕
시럽을 만듭니다.

설탕 시럽을 불에서 내리고 21번 과정에서 반
으로 자른 헤이즐넛을 넣어 골고루 저어줍니다.

계속 젓다 보면 수분이 증발하면서 헤이즐넛에
하얗게 설탕 결정이 생깁니다. 헤이즐넛에 결정
이 생기고 낱알로 분리될 때까지 계속 섞습니다.

냄비를 다시 약불에 올려 저어가며 원하는 색상이 될 때까지 캐러멜리제 합니다.

헤이즐넛에 캐러멜리제가 원하는 색상으로 나오면 테프론시트 위에 넓게 펼칩니다.

캐러멜리제 헤이즐넛이 한 김 식으면 손으로 알알이 떼어냅니다.

헤이즐넛 쉬세 9번 과정에서 만든 다쿠아즈 시트 한 장 위에 20번 과정에서 만든 헤이즐넛 버터크림을 일정한 크기로 파이핑합니다.

전체적으로 버터크림이 꽉 차도록 파이핑합니다.

버터크림 중간중간에 27번 과정에서 만든 캐러멜리제 헤이즐넛을 올립니다.

나머지 다쿠아즈 시트 한 장을 올려 덮습니다.

장식용 슈가파우더를 체에 내려 듬뿍 올리면 완성입니다.

슈톨렌 파운드케이크

슈가파우더 ─────── 슈톨렌 반죽

과일 콩피 ─────── 마지팬

슈톨렌은 독일의 전통 디저트로,
12월 초부터 한 조각씩 먹으며 크리스마스를 기다린다고 해요.
럼에 절인 과일의 깊은 향과 쫀득한 마지팬의 조합은 그야말로 최고랍니다.

| 재료

슈톨렌
버터 120g
설탕 120g
달걀 115g
박력쌀가루 55g
아몬드가루 76g
옥수수전분 20g
베이킹파우더 2.5g
과일 콩피 200g

과일 콩피
물 50g
설탕 30g
건포도 150g
건무화과 50g
건크렌베리 100g
오렌지필 70g
레몬필 30g
유자필 30g

다크럼 40g

마지팬
아몬드가루 86g
슈가파우더 56g
달걀흰자 22g
키르슈 2g

데커레이션
버터
슈가파우더

| 미리 준비하기

• 오븐은 미리 170℃로 예열해둡니다.

• 럼에 절인 과일 콩피는 한 달 정도 숙성 후 사용합니다.

• 버터는 실온에 두어 말랑말랑한 포마드 상태로 준비합니다.

• 달걀은 미리 실온에 꺼내 두어 차갑지 않은 상태로 준비합니다.

• 오란다 틀에 유산지를 깔아 준비합니다.

• 데커레이션용 버터는 전자레인지를 사용하거나 중탕하여 녹인 뒤, 60℃로 유지해둡니다.

과일 콩피 물과 설탕을 끓여 시럽을 만든 다음, 볼에 준비한 건과일을 모두 넣고 시럽과 골고루 섞습니다.

TIP 건과일은 모두 비슷한 크기로 잘라서 준비합니다.

다크럼을 넣고 잘 섞은 뒤, 냉장고에 넣어 한 달간 숙성합니다.

마지팬 푸드프로세서에 아몬드가루와 슈가파우더를 넣고 곱게 갈아줍니다.

실온의 달걀흰자와 키르슈를 넣고 섞습니다.

TIP 키르슈(kirsch)는 체리(버찌)를 증류하여 만든 증류주입니다.

골고루 섞어 날가루가 보이지 않으면 한 덩어리로 뭉칩니다.

반죽을 50g씩 2개로 분할하여 12cm의 원기둥 모양으로 만들어둡니다.

슈톨렌 볼에 포마드 상태의 말랑한 버터를 넣고 살짝 풀다가, 설탕을 두세 번에 나누어 넣으며 휘핑합니다.

실온의 달걀을 반죽에 조금씩 나누어 넣으며, 버터와 분리되지 않도록 골고루 휘핑합니다.

박력쌀가루와 아몬드가루, 옥수수전분, 베이킹 파우더를 체에 내려 두 번에 걸쳐 나누어 넣으며 섞습니다.

날가루 없이 잘 섞인 반죽에 **2**번 과정에서 다크 럼에 절여 숙성한 과일 콩피를 넣고 섞습니다.

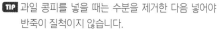

TIP 과일 콩피를 넣을 때는 수분을 제거한 다음 넣어야 반죽이 질척이지 않습니다.

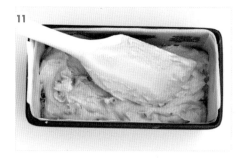

유산지를 깔아둔 오란다 틀에 반죽을 200g만 담습니다.

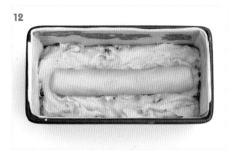

반죽의 중앙에 **6**번 과정에서 만든 마지팬을 놓습니다.

13

마지팬 위를 반죽으로 덮고 윗면을 매끈하게 정리합니다. 같은 방법으로 오란다 틀을 하나 더 채우고 170℃로 예열한 오븐에 넣어 30분간 굽습니다.

14

데커레이션 구운 파운드케이크가 뜨거울 때 미리 60℃로 녹여둔 버터를 사방에 바른 뒤 완전히 식힙니다.

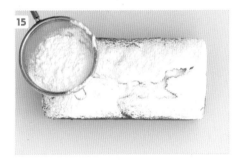

15

완전히 식은 파운드케이크에 슈가파우더를 체에 내려 사방에 충분히 묻힙니다.

16

슈가파우더가 잔뜩 묻은 파운드케이크를 랩으로 완전히 감싸면 완성입니다.

TIP 슈톨렌 파운드케이크를 랩으로 감싸면 보존성을 위해 잔뜩 붙여놓은 슈가파우더가 케이크에서 떨어지는 걸 방지할 수 있고, 케이크가 훨씬 더 촉촉하게 유지됩니다.

티라미수 크레이프 케이크

코코아가루 ——————

———— 크레이프

———— 디플로마트 크림

초코 제누와즈 ——————

얇게 구워낸 팬케이크 사이사이에 크림을 채워 쌓아 올린 크레이프 케이크에
코코아가루와 커피시럽으로 누구나 좋아하는 티라미수 케이크를 만들었어요.
달콤하면서도 쫀득한 식감은 그 어떤 케이크보다 매력적이에요.

▎재료

크레이프
달걀 235g
우유 350g
설탕 55g
소금 2g
박력쌀가루 60g
메밀가루 52g
코코아가루 20g
포도씨유 25g

디플로마트 크림
달걀노른자 12g
설탕 12g
옥수수전분 5g
우유 70g
바닐라페이스트 3g
마스카포네크림치즈 140g
설탕 45g
생크림 240g

초코 제누와즈
달걀 180g
설탕 100g
박력쌀가루 85g
코코아가루 10g
베이킹파우더 3g
녹인 버터 20g
우유 25g

커피시럽
인스턴트 블랙커피 1g
설탕 17g
물 30g

데커레이션
코코아가루

▎미리 준비하기

• 오븐은 미리 165℃로 예열해둡니다.

• 달걀과 달걀노른자는 미리 실온에 꺼내두어 차갑지 않은 상태로 준비합니다.

• 식힘망 위에 종이호일을 올려 얇게 부친 크레이프를 식힐 공간을 마련합니다.

• 디플로마트 크림에 들어가는 마스카포네 크림치즈는 실온에 두어 말랑말랑한 포마드 상태로 준비
하고, 생크림은 사용하기 직전까지 냉장 상태로 차갑게 준비합니다.

• 초코 제누와즈를 구울 높은 원형 2호 케이크 틀에 유산지를 깔아 준비합니다.

• 초코 제누와즈에 들어가는 버터는 미리 50℃ 정도로 녹인 다음 우유와 섞어둡니다.

크레이프 볼에 실온의 달걀과 우유를 넣고 섞습니다.

설탕과 소금을 넣고 잘 섞습니다.

박력쌀가루와 메밀가루, 코코아가루를 체에 내려넣고 날가루가 보이지 않도록 골고루 섞습니다.

포도씨유를 넣고 잘 섞어 반죽을 만듭니다.

프라이팬을 데우고 분량 외의 포도씨유를 살짝 두른 후 반죽을 넣고 약불에서 부칩니다.

반죽의 한쪽 면이 다 익으면 꼬치를 이용해서 들어 올려 뒤집은 후, 30초 정도만 더 부칩니다.

TIP 반죽은 팬 바닥에 퍼질 만큼의 양만 넣고 최대한 얇게 부치는 것이 중요합니다. 또한 포도씨유는 첫 장을 부칠 때만 두르고 더이상 두르지 않고 부칩니다.

앞뒤로 잘 부친 크레이프는 종이호일을 깔아둔 식힘망 위에 올린 뒤 식힙니다. 같은 방법으로 남은 반죽을 모두 부쳐 식혀둡니다.

디플로마트 크림 볼에 실온의 달걀노른자와 설탕을 넣고 잘 섞습니다.

옥수수전분을 넣고 날가루가 없도록 골고루 섞습니다.

냄비에 우유를 넣고 가장자리가 끓어오를 정도로 살짝 끓입니다.

끓인 우유를 **9**번 과정에서 만든 달걀 반죽에 조금씩 넣어 섞습니다. 이때 달걀 반죽이 익지 않도록 거품기로 계속 저으며 넣어줍니다.

잘 섞은 반죽을 체에 내려 냄비로 옮깁니다.

냄비를 중불에 올리고 바닐라페이스트를 넣어 섞습니다.

반죽에 점성이 생길 때까지 빠르게 저어가며 끓입니다. 이때 반죽이 바닥에 눌어붙지 않도록 조심합니다.

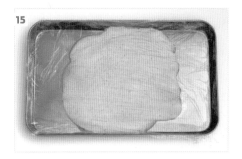

점성이 생긴 반죽을 바트에 얇게 펴고, 랩을 밀착해서 붙입니다. 그다음 냉동실에서 20분간 식히고, 냉장실로 옮겨 25℃ 이하로 식힙니다.

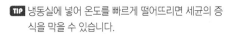

TIP 냉동실에 넣어 온도를 빠르게 떨어뜨리면 세균의 증식을 막을 수 있습니다.

완전히 식은 반죽을 볼에 옮겨 담은 후 거품기로 잘 풀어줍니다.

다른 볼에 포마드 상태의 말랑한 마스카포네 크림치즈와 설탕을 넣고 서걱거리지 않을 때까지 거품기로 잘 풀어줍니다.

마스카포네 크림치즈에 **16**번 과정의 반죽을 모두 넣습니다.

반죽이 매끈해지도록 잘 섞습니다.

다른 볼에 차가운 상태의 생크림을 넣고 끝이 부드럽게 휘는 정도로 휘핑합니다.

휘핑한 생크림의 절반을 **19**번 과정의 반죽에 넣고 골고루 섞습니다.

남은 생크림을 모두 넣고 거품기로 섞어 단단하게 휘핑합니다. 완성한 디플로마트 크림은 사용 전까지 냉장실에 넣어 보관해둡니다.

초코 제누와즈 중탕볼에 실온의 달걀과 설탕을 넣고 잘 섞습니다.

설탕이 잘 녹도록 저으면서 온도가 40℃ 정도가 될 때까지 중탕하며 섞습니다.

TIP 온도가 너무 높아지면 달걀이 익을 수 있으니 반드시 온도를 확인하며 중탕합니다.

반죽이 40℃가 되면 중탕볼에서 내려 고속으로 휘핑합니다.

휘퍼를 들었을 때 반죽이 리본 모양으로 선명하게 그려지면 저속으로 1분간 돌려 마무리합니다.

박력쌀가루와 코코아가루, 베이킹파우더를 체에 내려 넣고 날가루가 보이지 않도록 골고루 섞습니다.

미리 섞어둔 녹인 버터와 우유에 반죽을 한 주걱 덜어 넣고 골고루 섞은 다음, 본 반죽에 쏟아부어 빠르게 섞습니다.

TIP 이 작업을 하면 녹인 버터와 우유가 반죽의 농도와 비슷하게 맞춰져 빠르게 잘 섞이고, 반죽의 거품이 과하게 사그라드는 것을 방지할 수 있습니다.

유산지를 깔아둔 높은 원형 2호 케이크 틀에 반죽을 넣은 후, 바닥에 내리쳐 기포를 제거하고 165℃로 예열한 오븐에 넣어 30분간 굽습니다.

구운 초코 제누와즈는 틀째 바닥에 내리쳐 뜨거운 김을 내보낸 다음, 틀을 제거하고 식힘망에 올려 완전히 식힙니다.

완전히 식은 초코 제누와즈를 각봉을 사용해 높이 1cm로 자릅니다.

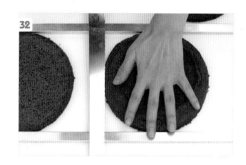

초코 제누와즈의 전체적인 높이가 일정하도록 손으로 누르며 자릅니다.

커피시럽 작은 볼에 인스턴트 블랙커피와 설탕, 80℃ 이상으로 데운 물을 넣고 잘 섞어 녹인 후 식힙니다.

티라미수 크레이프 케이크 32번 과정에서 1cm로 두께로 자른 초코 제누와즈 시트 한 장에 33번 과정의 커피시럽을 충분히 바릅니다.

커피시럽을 바른 초코 제누와즈 위에 22번 과정에서 만든 디플로마트 크림을 올려 얇게 바릅니다.

7번 과정에서 식혀둔 크레이프 한 장을 올립니다.

크레이프 위에 다시 디플로마트 크림을 올려 얇게 펴 바릅니다.

크림 위에 크레이프를 한 장 올립니다. 같은 방법으로 디플로마트 크림과 크레이프를 번갈아 가며 층층이 쌓아 올립니다.

마지막 크레이프를 올리고 맨 위에 데커레이션용 코코아가루를 충분히 뿌려 장식하면 완성입니다.

망고 바질 타르트

슈가파우더

애플민트

타르트쉘

크렘 다망드

식용 금박

망고

망고 우유크림

망고 바질 콩포트

쌀가루로 만든 바삭한 타르트쉘에 샛노란 망고를 한가득 올렸어요.
바질이 주는 향긋함과 망고의 싱그러움에
눈으로 한 번 즐겁고 입으로 한 번 더 즐거운 디저트랍니다.
소중한 사람에게 선물로도 손색없는 망고 바질 타르트, 꼭 도전해보세요!

┃재료

타르트쉘
드라이버터 66g
슈가파우더 50g
소금 1g
달걀 30g
박력쌀가루 88g
아몬드가루 40g

달걀물
달걀노른자 20g
생크림 14g

크렘 다망드
버터 45g
설탕 30g
달걀 40g
아몬드가루 25g
코코넛가루 20g

망고 바질 콩포트
냉동망고 110g
설탕 60g
팩틴 2g
바질 5g

망고 우유크림
마스카포네 크림치즈 48g
생크림 96g
설탕 16g

판젤라틴 1.7g
망고퓨레 32g

데커레이션
망고 350g
슈가파우더
애플민트
식용 금박

┃미리 준비하기

• 오븐은 미리 170℃로 예열해둡니다.

• 드라이버터와 버터, 마스카포네 크림치즈는 실온에 두어 말랑말랑한 포마드 상태로 준비합니다.

• 달걀은 미리 실온에 두어 차갑지 않은 상태로 준비합니다.

• 망고 우유크림에 들어가는 생크림은 사용하기 직전까지 냉장 상태로 차갑게 준비합니다.

• 판젤라틴은 찬물에 담가 충분히 불린 다음 전자레인지에 녹여 준비합니다.

타르트쉘 볼에 포마드 상태의 말랑한 드라이버터를 넣고 부드럽게 풀어줍니다.

TIP 드라이버터는 일반 버터보다 수분이 적고 녹는점이 높아서 타르트쉘을 만들기에 좋습니다.

버터에 슈가파우더와 소금을 넣고 휘핑합니다.

실온의 달걀을 조금씩 나누어 넣으며 휘핑해 버터와 분리되지 않도록 섞습니다.

박력쌀가루와 아몬드가루를 체에 내려 두세 번에 나누어 넣으며 섞습니다.

주걱으로 반죽을 자르듯이 섞어 날가루 없이 매끈하게 만듭니다.

매끈한 반죽을 한 덩어리로 만든 뒤 작업대에 내려놓고 섞습니다. 스크래퍼를 사용해 반죽을 밀어 펴면서 재료를 균일하게 섞습니다.

7

골고루 섞인 반죽을 한 덩어리로 만든 다음 랩으로 감싸 냉장실에서 2시간 동안 휴지합니다.

TIP 반죽을 휴지하면 쌀가루 반죽의 작업성이 훨씬 좋아집니다.

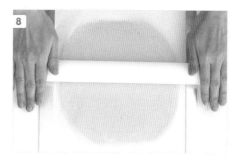

8

휴지가 끝난 반죽은 각봉을 사용해 3mm로 밀어 펴고 냉동실에서 1시간 동안 휴지합니다.

TIP 종이호일 사이에 반죽을 넣고 작업하면 덧가루의 사용을 줄일 수 있고 작업성도 용이합니다.

9

타르트 틀에 분량 외의 버터를 바릅니다.

10

휴지한 반죽을 타르트 틀에 밀착시킵니다. 냉동실에서 꺼낸 반죽은 단단하므로 손으로 살살 눌러 반죽을 부드럽게 만든 뒤 빠르게 작업합니다.

TIP 밑면의 둥근 모서리 부분을 붙일 때는 반죽을 꺾어 넣는다는 느낌으로 눌러 밀착시킵니다.

11

옆면의 구불구불한 부분까지 꼼꼼하게 눌러 틀에 완전히 밀착시킵니다.

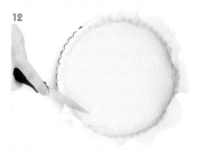

12

틀 위로 올라온 남은 반죽은 칼로 잘라 정리합니다.

포크로 반죽에 구멍을 내 피케 작업을 합니다.

TIP 포크로 반죽에 구멍을 내면 굽는 과정에서 반죽이 부풀어 오르는 것을 방지할 수 있습니다.

반죽 위에 종이호일을 깔고 누름돌을 얹은 다음 170℃로 예열한 오븐에 넣어 20분간 굽습니다.

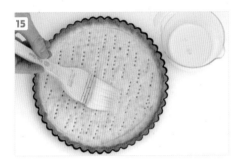

구운 타르트쉘의 누름돌을 제거하고 달걀노른자와 생크림을 섞은 달걀물을 꼼꼼히 발라 170℃에서 10분간 더 구워 식혀둡니다.

TIP 달걀물을 발라 한 번 더 구우면 좀 더 바삭한 타르트쉘이 됩니다.

크렘 다망드 볼에 포마드 상태의 말랑한 버터를 넣고 부드럽게 풀다가 설탕을 넣어 충분히 휘핑합니다.

실온의 달걀을 조금씩 나눠 넣으며 버터와 분리되지 않도록 충분히 휘핑합니다.

아몬드가루와 코코넛가루를 넣고 반죽을 자르듯이 섞습니다.

날가루 없이 골고루 잘 섞어 준비합니다.

망고 바질 콩포트 냄비에 냉동망고를 넣고 설탕을 1/2 분량만 넣어 섞은 다음, 실온에 30분 정도 둡니다.

망고에서 수분이 나오면 중불에 올려 끓이고, 냄비의 가장자리가 끓어오르면 나머지 설탕과 팩틴을 잘 섞은 후 넣습니다.

TIP 팩틴은 설탕과 함께 섞어 넣어야 뭉치지 않습니다.

망고를 저으면서 온도가 103℃가 될 때까지 끓입니다. 그다음 냄비를 불에서 내린 뒤 랩을 밀착해 붙이고 냉장실에 넣어 차갑게 식힙니다.

차갑게 식힌 망고 콩포트에 바질을 넣습니다.

핸드믹서로 망고 콩포트와 바질을 곱게 갈아둡니다.

망고 바질 타르트 **15**번 과정에서 만든 타르트 쉘에 **19**번 과정에서 만든 크렘 다망드 140g을 평평하게 바른 후, 170℃로 예열한 오븐에 넣어 20분간 굽고 충분히 식힙니다.

충분히 식은 타르트 위에 **24**번 과정의 망고 바질 콩포트 110g을 올려 매끈하게 바르고 냉동실에서 30분간 굳힙니다.

TIP 콩포트를 굳히지 않으면 다음 작업인 망고 우유크림을 바르기 어렵습니다.

망고 우유크림 볼에 마스카포네 크림치즈와 생크림, 설탕, 녹인 판젤라틴을 넣고 중속으로 1분간 휘핑합니다.

TIP 판젤라틴은 물에 불려 물기를 꽉 짠 다음 전자레인지에서 녹여 사용합니다.

망고퓨레를 넣고 중속으로 휘핑합니다.

휘퍼를 들었을 때 뿔이 부드럽게 휘고 힘 있는 상태로 만듭니다.

26번 과정에서 냉동실에서 차갑게 굳힌 타르트 위에 망고 우유크림 120g을 올리고 윗면을 깔끔하게 정리합니다.

데커레이션 망고는 껍질을 벗기고 1.5cm 정도
의 두께로 얇게 슬라이스합니다.

얇게 슬라이스한 망고를 타르트 위에 빙빙 둘러
가며 올려 꽃 모양으로 만듭니다.

망고 위에 슈가파우더를 뿌리고 애플민트와 식
용 금박으로 장식하면 완성입니다.

레드벨벳 하트 케이크

블루베리 ————
레드커런트 ————
딸기 ————
레드벨벳 케이크
시트

———— 식용 금박
———— 로즈마리
———— 슈가파우더
———— 케이크 시트 가루
———— 크림치즈 프로스팅

붉은색이 매력적인 레드벨벳 케이크를 쌀가루로 더 촉촉하게 만들었어요.
하트 모양으로 포인트를 주어 기념일에 더욱 빛나는 케이크랍니다.
계절에 따라 과일을 다양하게 바꾸면 다른 느낌으로도 만들 수 있어요.

▎재료

레드벨벳 케이크 시트
우유 130g
레몬즙 10g
포도씨유 150g
달걀 70g
설탕 130g
바닐라페이스트 2g
박력쌀가루 145g
홍국쌀가루 20g

코코아가루 5g
베이킹파우더 4g
베이킹소다 4g
빨간색 식용색소

크림치즈 프로스팅
크림치즈 120g
슈가파우더 60g
생크림 200g

데커레이션
딸기
제철과일(블루베리, 레드커런트)
케이크 시트 가루
허브(로즈마리)
식용 금박
슈가파우더

▎미리 준비하기

• 오븐은 미리 170℃로 예열해둡니다.

• 우유와 달걀, 크림치즈는 미리 실온에 두어 차갑지 않은 상태로 준비합니다.

• 생크림은 사용하기 직전까지 냉장 상태로 차갑게 준비합니다.

• 2호 원형 케이크 틀(지름 18cm) 2개에 유산지를 깔아 준비합니다.

• 짤주머니에 원형 깍지를 끼워 준비합니다.

• 데커레이션으로 올라가는 과일은 계절에 맞게 다양한 과일을 사용해도 좋습니다.

레드벨벳 케이크 시트 작은 볼에 실온의 우유와 레몬즙을 넣고 섞습니다.

우유의 단백질이 레몬즙과 만나 몽글몽글해지는 것이 정상입니다. 잘 섞어 버터밀크를 만들어둡니다.

다른 볼에 포도씨유와 실온의 달걀, 설탕, 바닐라페이스트를 넣습니다.

중속으로 휘핑해 골고루 섞습니다.

반죽이 잘 섞이면 **2**번 과정에서 만든 버터밀크를 넣고 충분히 휘핑합니다.

반죽이 뽀얗게 변하면 저속으로 1분간 휘핑하여 기포를 정리합니다.

박력쌀가루와 홍국쌀가루, 코코아가루, 베이킹
파우더, 베이킹소다를 체에 내려 넣고 저속으로
휘핑합니다.

TIP 빠르게 휘핑하면 가루 재료들이 날릴 수 있습니다. 주
걱으로 한 번 가볍게 섞은 다음 휘핑해도 좋습니다.

반죽이 매끈해지면 빨간색 식용색소를 소량 넣
고 골고루 섞습니다.

TIP 식용색소는 선택사항으로 넣지 않아도 됩니다. 좀 더
밝은 붉은색을 표현하고 싶어서 사용했는데, 조금만
넣어도 색상이 진하게 나오니 과하게 넣지 않도록 주
의합니다.

유산지를 깔아둔 2호 원형 케이크 틀 두 개에
반죽을 310g씩 나누어 팬닝하고, 170℃로 예
열한 오븐에 넣어 20분간 굽습니다.

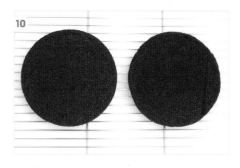

구운 시트는 틀째 내리쳐 열기를 빼내고 10분
간 식힙니다. 그다음 틀을 제거하고 뒤집어 식
힘망에 올려 완전히 식힙니다.

크림치즈 프로스팅 볼에 포마드 상태의 말랑한
크림치즈를 넣고 충분히 풀어줍니다.

슈가파우더를 넣고 휘핑합니다.

날가루가 보이지 않고 매끈하게 될 때까지 섞습니다.

차가운 생크림을 넣고 휘핑해 뿔이 단단하게 서는 상태로 만듭니다. 완성된 크림치즈 프로스팅은 원형 깍지를 끼운 짤주머니에 담아 준비합니다.

레드벨벳 하트 케이크 10번 과정에서 완전히 식혀둔 케이크 시트의 윗면을 살짝 잘라 정리합니다.

윗면을 정리한 케이크 시트에 15cm 하트 틀을 올려 찍어냅니다.

케이크 시트 두 장을 모두 하트 모양으로 찍어냅니다.

하트 모양 케이크 시트 한 장을 깔고 그 위에 14번 과정에서 만든 크림치즈 프로스팅을 물방울 모양으로 파이핑합니다.

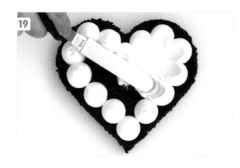

나머지 케이크 시트 한 장을 올리고, 이번에는 테두리에만 물방울 모양으로 파이핑합니다. 그 다음 스패츌러로 크림치즈 프로스팅을 안쪽으로 긁어줍니다.

테두리 쪽은 물방울 모양이 살아있고, 가운데에는 크림이 움푹 들어가 바닥에만 깔리는 느낌으로 만듭니다.

움푹 들어간 프로스팅 안쪽에 반으로 자른 딸기를 올립니다.

17번 과정에서 하트를 찍어내고 남은 자투리 시트를 체에 내려 가루로 만듭니다.

케이크 시트 가루를 딸기 주변에 뿌리고, 제철 과일과 허브, 식용 금박, 슈가파우더로 장식하면 완성입니다.

건강하게 만들어 가볍게 즐기는 쌀가루 베이킹 24

쌀베이킹 바이블

초 판 발 행	2023년 11월 10일
발 행 인	박영일
책 임 편 집	이해욱
저 자	고혜진
편 집 진 행	강현아
표 지 디 자 인	김도연
편 집 디 자 인	신해니
발 행 처	시대인
공 급 처	(주)시대고시기획
출 판 등 록	제 10-1521호
주 소	서울시 마포구 큰우물로 75 [도화동 538 성지 B/D] 6F
전 화	1600-3600
홈 페 이 지	www.sdedu.co.kr

I S B N	979-11-383-6072-2(13590)
정 가	18,000원

시대인은 종합교육그룹 (주)시대고시기획 · 시대교육의 단행본 브랜드입니다.